萬用鍋，零失敗

一鍋抵多鍋，每家必備的70道

美味提案

CONTENTS

P22

P24

P48

P50

P74

P94

P76

P120

隱 藏版菜單在其中

快樂鱻
HAPPY FRESH

Eat good food　Do great things
海鮮專賣平台

　好魚琳瑯滿目是生活在海島的專屬幸福，專業漁師替您挑選當季現流海鮮，保證友善魚獲，堅持不使用拖網造成海洋壓力，透過有意識且多樣化的選魚方能降低海洋濫捕的危機，讓我們一起永續地與海洋相處。

　快樂鱻只提供臺灣海域所產的鮮魚、臺灣的生態養殖白蝦，不僅降低食物里程數，也能吃到最新鮮，也因為食材夠新鮮，因此只需要簡單料理即可上桌，吃的安心又放心。

FB粉絲專頁
HAPPY FRESH快樂鱻-海鮮專賣

LINE ID
@myhappyfresh

購物官網
http://www.happyfresh.com.tw/

百分百的養分

來自漁人的用心

這樣的厚重

值得細品慢嚼

品出新鮮

嚼出快樂

自序

30 分鐘的味道

『我們都不喜歡外吃』

「老師傅感冒了？怎麼調味下得這樣重手？」「好油膩啊！」「有用黑心材料嗎？」……
身邊很多朋友都這樣向我埋怨，說不想再做一日三餐的外食族，但是苦於下班後沒有時間做菜，也自覺廚藝不精，最後還是貪圖方便，停留在原本的生活習慣。

『2 條腿走路』

不過在未曾撤下時尚行銷的火線前，我還是每天抽出 30 分鐘，為先生和女兒快速做出三菜。這是我從小在媽媽身上學到的廚藝要領——快！當護士長的她，每天 5 點下班接我下課後，還堅持去菜市場買新鮮的食材，用 30 分鐘準備一家六口一湯三菜的晚餐。「用兩條腿走路」是她掛在嘴邊的格言，意思就是效率第一，要同時要做兩件事，甚至三四五六件事！

於是我便一邊看著媽媽洗菜、切菜，還有表演「帽子魔術」——把幾個鍋子在兩個瓦斯爐上快速變換位子，一邊跟她報告學校的事情，用廚房的爐火烹煮母女深切的情感。

『老公只給 30 分鐘』

嫁來台灣後，無獨有偶，先生也下指令，請我每天要在 30 分鐘內做出三菜，因為女兒複習分秒必爭。我不相信這是不能完成的任務，於是接受挑戰，後來竟煮上癮了！週末時會窩在廚房煲湯、鑽研慢燉料理，後來慢慢發現，五彩繽紛的食材，既能增進食欲，也是營養均衡的根源。5 色，就是我對料理的信念。

『萬用鍋可節省 30 分鐘』

其實到這個世代，科技化食具比比皆是。買一個萬用鍋，只要按幾個鍵，等待 30 分鐘，就可以變出精準好吃的料理，比想像中簡單，也不會弄髒廚房，每天都用它做菜，便為你的人生節省很多個 30 分鐘，騰出來的時間可以和家人朋友交心。

當天在廚房看媽媽做菜的我，想不到她的帽子魔術，如今竟化身成萬用鍋！
感謝全力支持我的先生及女兒，每道菜都有賴兩位毒舌評審試吃啊！
感激 Joyce、Lina、老同學、親友、布克文化對我的幫忙，以及粉絲及
愛料理網站的關心！

相信天上的爸爸媽媽也很高興看到這本書的出版！

萬用鍋操作大圖解

烹調新手變料理高手

無水烹調

滷

PART

｜省時又省空間的烹調小幫手｜

別再羨慕別人家的大廚房能做出美味料理，即使只有一個小小的桌面，管他在廚房、餐廳或小套房，只要能放得下萬用鍋，這個集壓力鍋、快鍋、平底鍋及電子鍋多種功能於一身的科技小家電，也能在短短 30 分鐘內做出好吃的美食。

最適合工作忙碌的職業婦女、兩人世界的小夫妻或情侶、剛入社會小資女，或自認沒什麼廚藝卻喜歡自己做料理的科技宅男，透過簡單的設定，手指按一按，萬用鍋全幫你做好好，馬上好菜上桌，真是「無痛苦料理」的最佳代表。

接下來就用圖解操作方式，教你如何使用萬用鍋的高溫高壓烹飪方式，管它是蒸、煮、燉、滷、無水烹調等多樣料理需求，統統搞定！還可以使用萬用鍋製作好吃的甜點及蛋糕等美食，收拾大人及小孩的胃及心。

｜操作簡單，百變料理不設限的萬用鍋｜

一般市面上的萬用鍋，多半分為幾個部分：外鍋、內鍋及觸控面板設計，其中較著名為飛利浦的智慧萬用鍋，以其最新上市的 HD2179 為例，採用革新渦輪靜排技術，能快速上菜，無需再等待萬用鍋降壓才可開鍋蓋，兼顧安全及迅速。且全程無蒸氣排出，將美味及營養封存鍋內，確保食物原汁原味，也符合目前的飲食健康學。

其運作原理及過程在於萬用鍋在接通電源後，利用蒸汽產生壓力，並使鍋內壓力保持在一定範圍內，如此循環加熱，直到達保壓時間。

另外，智慧化壓力值設計，運用以 6 種不同壓力值的設定，根據不同食材特性，達到最佳烹調口感，以守護食物美味與營養。再搭配 17 種烹調功能設計，包括密封模式的 10 種：米飯、煮粥、雞肉／鴨肉、豆類／蹄筋、牛肉／羊肉、糕點，以及無水烹調的 6 種：烤排骨、烤雞、烤蟹、烤魚、焗烤時蔬、香酥蝦、再加熱等，讓新手料理者，一眼即可用按鍵設定，煮出想要的料理風味，十分便利。

圖解萬用鍋結構及功能介面

1. 限壓閥
2. 上蓋手把
3. 可拆式上蓋
4. 開蓋按鈕
5. 電源插座
6. 控制面板
7. 可拆式密封圈
8. 可取出內鍋
9. 水位指示

1. 保溫／取消按鈕
2. 功能選擇按鈕
3. 再加熱按鈕
4. 保壓時間按鈕
5. 設定烹調小時及分鐘的按鈕
6. 預約時間按鈕
7. 米飯按鈕
8. 無水烹調按鈕
9. 開始烹調按鈕
10. 電源：機器處於開啟狀態
11. 加熱：選擇好「功能選擇」，機器進入加熱狀態。
12. 起壓：表示鍋內處於壓力逐漸增壓狀態，此時不能開鍋蓋。
13. 動態保壓：壓力維持在恆定值狀態，保持壓力平衡，使料理烹調時變數變少，成功機率大。
14. 保溫：烹調完成，進入保溫狀態。配合保溫時間設定，何時要吃都熱呼呼。

此圖是以飛利浦智慧萬用鍋 HD2179 為示範，相關資料可上網搜尋「飛利浦智慧萬用鍋 -MyKitchen 健康新廚法」。

| 掌握 2 大烹調選擇，料理達人就是你 |

萬用鍋可以依據食物類別，如蔬菜、魚、雞鴨、蹄膀、牛肉…等等，來選擇設定功能鍵，及預設建議烹調時間。HD2179 更可根據不同食材特性，以不同的壓力值 kpa 烹調，達到最佳口感。若想快速上手，只要掌握以下 2 大烹調選擇，數百道菜色料理都難不倒你。

關於萬用鍋的食譜教學

想參考更多關於智慧萬用鍋的食譜及教學互動，歡迎加入「飛利浦智慧萬用鍋的料理方法分享園地」粉絲團 Facebook 社團：https://www.facebook.com/groups/257779554349366。

好用烹調 1／無水烹調設定

無水烹調原理就是利用食材本身所含的水分來烹調，簡單而言就是向食物借水，有效運用烹調時所產生的高溫蒸氣，快速將食物烤熟。因此主張不加水，少油，適合應用在炒時蔬、煎及烤肉類的料理烹調上，例如本書介紹的彩蔬烘蛋、蒜香椒鹽蝦、空心菜炒牛肉、月亮蝦餅等等。

而無水烹調操作方式，分為顯示面板的按鈕及上蓋限壓閥，其步驟如下：

【操作方式】

①先按「無水烹調」。→②再選取烤排骨／烤雞／烤蟹／烤魚／焗烤時蔬／香酥蝦／再加熱等。→③將萬用鍋的上蓋限壓閥轉到無水烹調位置。無水烹調時可中途打開鍋蓋，將食材翻面，讓口感更佳。

好用烹調 2／密封功能設定

密封功能也十分好用，只要一個按鈕搞定，例如用萬用鍋煮飯或煮粥，透過面板上的「煮粥」設定即完成。像是以本書介紹的皮蛋魚片廣東粥、韓國人蔘雞湯、滷白菜等即為最好範例。

而密封烹調的操作方式，分為顯示面板的按鈕及上蓋限壓閥，其步驟如下：

【操作方式】

①先按「功能選擇」。→②選擇「煮粥」模式。→③將萬用鍋的上蓋限壓閥轉到密封位置。→④ 4. 按「開始烹調」鍵，香噴噴的粥品或煲湯類就完成了。

不過在操作時要注意，尤其是烹調湯品或濃稠液體時，請勿將限壓閥轉至排氣或無水烹調位置釋放壓力，否則液體可能從限壓閥噴出。等壓力釋放完畢，才能打開上蓋

菜單與設定模式

分類	菜單	烹調模式	示範機型-飛利浦HD2175	示範機型-飛利浦HD2179
PART 2 清爽下酒前菜	日式馬鈴薯沙拉	密封	●	
	鮮蔬蛋沙拉三明治	密封	●	
	彩蔬烘蛋	無水烹調	●	
	日式醬油溏心蛋	無水烹調		●
	泡菜辣炒豬五花	無水烹調		●
	照燒鮭魚	無水烹調	●	
	月亮蝦餅	無水烹調		●
	清蒸蘿蔔糕	無水烹調＋密封	●	
	香煎黃金菜頭粿	無水烹調	●	
	港式臘味蘿蔔糕	無水烹調＋密封		●
	沙茶空心菜炒牛肉	無水烹調		●
	客家小炒	無水烹調		●
	蒜香椒鹽蝦	無水烹調		●
	蔥燒豆腐	無水烹調		●
	韓式辣燉豆腐	無水烹調		●
	滷牛腱	無水烹調＋密封		●
	滷味拼盤	密封		●
PART 3 家宴闔歡主菜	烤牛小排溫沙拉	無水烹調		●
	梅酒蜜香叉燒	無水烹調		●
	蜜汁雞腿	無水烹調		●
	清蒸鱈魚	密封	●	
	泰式檸檬蒸虱目魚肚	密封	●	
	滷白菜	無水烹調＋密封		●
	可樂豬腳	無水烹調＋密封	●	
	三杯雞	無水烹調		●
	蠔油鮮蝦粉絲煲	無水烹調	●	
	泰式綠咖哩牛肋	無水烹調＋密封	●	
	義式獵人燉雞	無水烹調＋密封	●	
	檸檬雞翅	無水烹調	●	
	BBQ醬烤豬肋排	無水烹調＋密封		●
	美式烤肉醬雞排堡	無水烹調		●
	紅酒燉牛肉	無水烹調＋密封	●	
	麻婆豆腐	無水烹調	●	
	麻辣鴨血豆腐	無水烹調	●	
PART 4 風味主餐料理	鮭魚秋葵飯糰	無水烹調	●	
	滷肉燥	無水烹調＋密封	●	
	滷焢肉	無水烹調＋密封	●	
	海南雞飯	密封		●
	皮蛋魚片廣東粥	無水烹調＋密封		●
	台式油飯	無水烹調＋密封		●
	燒肉粽	無水烹調＋密封		●
	肉絲炒米粉	無水烹調	●	
	瓜仔肉餅蒸飯	密封	●	
	培根蘑菇藜麥燉飯	無水烹調＋密封	●	
	波隆那肉醬義大利麵	無水烹調＋密封	●	
	青醬鮮蝦義大利麵	無水烹調＋密封	●	
	麻油雞飯	無水烹調＋密封		●
	麻油雞湯	無水烹調＋密封		●
	西班牙海鮮飯	無水烹調＋密封		●
	港式臘味糯米飯	無水烹調＋密封		●
	台式米糕	無水烹調＋密封		●
PART 5 強身補氣湯品	韓國蔘雞湯	密封		●
	剝皮辣椒雞湯	密封		●
	蘋果山藥排骨湯	無水烹調＋密封	●	
	清燉蘿蔔排骨湯	密封	●	
	疊煮鄉村牛肉湯	密封	●	
	玉米巧達蛤蜊濃湯	無水烹調＋密封	●	
	南瓜濃湯	無水烹調＋密封		●
	紅豆蓮子湯	密封	●	
	綠豆薏仁湯	密封	●	
	冰糖燉水梨	密封	●	
PART 6 輕鬆午茶點心	烤地瓜	無水烹調	●	
	蜜地瓜	無水烹調	●	
	蜜芋頭	密封	●	
	芋泥球	密封	●	
	花生麻糬	密封		●
	攪沙湯圓	密封		●
	焦糖雞蛋布丁	無水烹調	●	
	咖啡瑪芬蛋糕	密封		●
	冬瓜茶	密封		●

清爽下酒前菜

PART 2

日式馬鈴薯沙拉 VS 鮮蔬蛋沙拉三明治

鮮蔬蛋沙拉三明治 →

← 日式馬鈴薯沙拉

難易度 ★★☆☆☆　　預計烹調時間 30'00

日式馬鈴薯沙拉

口感綿密的馬鈴薯沙拉來自日本料理。看似簡單，但材料的平衡感很重要。
小黃瓜過多味道會喧賓奪主，生硬的紅蘿蔔更會讓馬鈴薯沙拉的草根味十足。
我的馬鈴薯沙拉裡沒有紅蘿蔔，將甜椒、小黃瓜切不同形狀，但都是很細的。
喜歡綿密的馬鈴薯泥中吃到稍微清脆的蔬菜口感及甜味，卻不會讓蔬菜的青草味釋放。

 材料（2～3 人份）

馬鈴薯	2 顆	黃甜椒	1/4 顆
小黃瓜	1/2 根	鹽	1/4 茶匙
紅甜椒	1/4 顆	美乃滋	3 湯匙

做法

1. 小黃瓜、紅甜椒及黃甜椒洗淨切約 0.3 公分小丁。

2. 馬鈴薯先去皮，然後切大塊。

3. 馬鈴薯塊放進內鍋，注水至蓋過馬鈴薯，加鹽 1/2 茶匙後蓋好鍋蓋。

4. 上蓋限壓閥轉至「密封」，按「功能選擇」鍵，選擇「米飯」鍵及「烹調」，將馬鈴薯煮至熟爛。

5. 烹調完成聲響起，待自動排氣，安全浮子閥降下後，按「保溫／取消」鍵再開蓋，取出後瀝乾水。

6. 將馬鈴薯壓成泥，放涼後與小黃瓜、紅甜椒及黃甜椒丁、美乃滋及鹽巴混合均勻，放冰箱冷藏後便可食用。

TIPS

除了當前菜沙拉外，也可夾在麵包裡，便是最受歡迎的馬鈴薯沙拉三明治。

難易度 ★☆☆☆☆　　預計烹調時間

鮮蔬蛋沙拉三明治

蛋沙拉三明治源自西方，從 Brunch 到 Afternoon Tea，
任何時刻都能輕鬆享用的新鮮美味，
不但簡單又美味！尤其是有親子聚會時，
這道鮮蔬蛋沙拉三明治最適合，
大人、小孩都愛吃，還可以一起動手做做看！

材料 （2 人份）

雞蛋	4 顆	小番茄	2 顆
美乃滋	3 湯匙	萵苣	2 片
鹽	少許	餐包	2 個

做法

1. 取出冷藏的雞蛋置室內回溫。萬用鍋內鍋加 2 杯水，放入蒸架，雞蛋放深盤置於蒸架上。

2. 上蓋限壓閥轉至「密封」，按「功能選擇」鍵，選擇「煮粥」鍵及「烹調」鍵。

3. 烹調完成聲響起，待自動排氣，安全浮子閥降下後， 按「保溫／取消」鍵， 開蓋取出雞蛋。

4. 雞蛋取出後沖冷水降溫，剝下蛋殼，切小丁，再拌入美乃滋及鹽巴，便成雞蛋沙拉。

5. 麵包鋪上萵苣及小番茄片，放上雞蛋沙拉，蛋白質滿分的三明治便做好了！

TIPS

冷藏的雞蛋要先回室溫再加熱，才不會在煮的中途爆裂。

難易度 ★★☆☆☆　　預計烹調時間 ⏱ 15'00

|便當菜及下酒菜的好料理|

彩蔬烘蛋

表面像披薩，反面像烤蛋糕的烘蛋，
塞滿顏色鮮豔的蔬菜，小孩看到就吃個不停。
平常做烘蛋總怕外面焦，裡面不熟。
運用萬用鍋的不沾內鍋，可以用最少的油，
不用看顧爐火，便煎出完美金黃色澤、
熟度剛好的烘蛋。早上做便當菜，
或有朋友來訪時的下酒菜，都可快速端上桌。

 材料（3 ～ 4 人份）

食材

雞蛋	4 顆	鮮奶	1 湯匙
培根	4 片	鹽	1/2 茶匙
小番茄	8 顆	橄欖油	1 茶匙
秋葵	6 條		

 做法

1. 小番茄及秋葵洗淨切片，培根切丁。

2. 雞蛋加鮮奶及鹽巴打發均勻。

3. 按「無水烹調」鍵，選擇「焗烤時蔬」，按「烹調」鍵。下油，炒培根至熟但不要焦，加小番茄及秋葵略微翻炒，取出。並按「保溫／取消」。

4. 將內鍋擦乾淨，下油燒熱，倒進蛋液，當底部開始凝固時，將培根、小番茄片及秋葵片平均鋪上。

5. 再選「無水烹調」的「焗烤時蔬」模式，關蓋，不需翻面，約 12 分鐘便熟透，按「保溫／取消」，開鍋蓋盛盤即可。

TIPS

1. 雞蛋加鮮奶打發可增加滑嫩度。
2. 可隨意替換適合耐煮的蔬菜，如甜椒、蘑菇等，加蝦子更好吃！

每次到日本拉麵店吃拉麵時，
最令人尖叫就是這顆半熟的金黃溏心蛋，
看似高深，實則非常簡單，
只要將雞蛋先放室溫，及用計時器計時就一定成功，
剩下就是要溫柔的剝蛋殼，然後再刀切一半看著半熟蛋黃緩緩流出，
口水也不由自主的流下。6 分鐘煮蛋、剝殼、浸泡，
只要三個步驟，是懶人常備菜第一選擇！

| 只要 6 分鐘的懶人常備料理 |

日式醬油溏心蛋

難易度 ★★☆☆☆

預計烹調時間 06'00

 材料 （2～3 人份）

食材		醬汁	
有機雞蛋	5 顆	醬油	4 湯匙
白醋	少許	清酒	4 湯匙
鹽	少許	味醂	3 湯匙
		水	250ml

 做法

1. 先在萬用鍋加入清水，至可以蓋住雞蛋高度即可，然後按下「無水烹調」，選「香酥蝦」及「開始烹調」鍵。

2. 等水燒滾後，加白醋及鹽拌勻，以免等一下煮蛋時，萬一蛋殼受熱裂開，蛋白會流出來。

3. 接著再放入已退至常溫的雞蛋，關上鍋蓋，自行計時煮6 分鐘。

4. 開蓋，取出雞蛋沖冷水至完全冷卻。

5. 將鍋裡的水倒掉，加入醬汁煮滾，按「保溫／取消」鍵，醬汁倒出放涼。

6. 剝蛋殼，慢慢剝讓蛋白完整剝離蛋殼。

7. 當醬汁完全放涼後，倒進比雞蛋高的玻璃保鮮盒，放入半熟雞蛋(醬汁蓋過雞蛋)，於冰箱浸泡隔夜。

TIPS

1. 以「無水烹調」模式煮蛋時，會有少量的水彈出。可放一條濕毛巾蓋著上蓋限壓閥，便可立刻將彈出的水吸走。

2. 醬汁必須完全冷卻才能放入半熟蛋浸泡，稍微的熱度會讓雞蛋繼續熟成，就不會變成溏心的樣子了。

到韓國去餐廳吃好料，必點這道泡菜辣炒豬五花。
而回台灣後，每次懷念起韓國料理時，這道菜便可馬上製作，
因為薄切五花豬肉、泡菜和辣椒醬均可在超市入手。
酸酸的韓國泡菜，配搭油脂層層相間的豬五花，
再配上生菜、韓國燒酒一起享用，又想念韓國旅行的美食了！

| 輕鬆上桌的韓式料理 |

泡菜辣炒豬五花

難易度 ★★★☆☆

預計烹調時間 15'00

 材料 （2～3 人份）

食材

豬五花肉片	120 克
泡菜	1 杯
洋蔥	1/4 顆
蒜（片）	1 瓣
青蔥	1 株
麻油	1/2 茶匙
白芝麻	少許
鹽	1/8 茶匙

醬料

韓國辣椒醬	1/2 湯匙
醬油	1 又 1/4 茶匙

 做法

1. 先備料，豬五花肉片用鹽巴醃 10 分鐘、蔥白及青蔥分開切末，洋蔥切塊、韓國辣椒醬及醬油拌均勻。

2. 所有材料準備好時，則運用萬用鍋的「無水烹調」鍵，選「烤雞」，將麻油加熱，放入已醃過的五花豬肉片煎香，然後取出。

3. 利用萬用鍋內煎五花肉所釋出的油，炒香蔥白及蒜片。然後再加入洋蔥炒至半透明。

4. 倒進泡菜及醬料，豬五花肉片回鍋，翻炒 1 分鐘後，盛盤灑上蔥花及白芝麻，即可上桌。

TIPS

1. 在挑選五花豬肉片時，燒烤肉片比火鍋肉片更有口感。

2. 除了單吃外，也可以用生菜包肉的方式吃最清爽解膩，十足韓國風味。

做法極簡單的照燒鮭魚，只要 10 分鐘就做好！
而且使用萬用鍋的不沾內鍋來煎魚，鮭魚肉保持鮮嫩多汁，
完全零難度！趕快準備好一大碗白飯，一起來吃照燒鮭魚蓋飯吧！
甜甜鹹鹹的照燒口味很受大人、小孩的喜愛！

| 零難度！10 分鐘快速出菜！ |

難易度 ★★☆☆☆

照燒鮭魚

預計烹調時間

 材料 （2～3 人份）

食材		醃料		調味料	
鮭魚	200 克	鹽	1/4 茶匙	醬油	1 又 1/2 湯匙
青蔥（蔥花）	1/2 株	黑胡椒	少許	蜂蜜（或楓糖）	1 湯匙
白芝麻	少許	橄欖油	1/2 茶匙	味醂	1/2 湯匙

 做法

1. 將鮭魚擦乾水分後，兩面均勻灑上海鹽、黑胡椒，再抹上橄欖油。

2. 按下萬用鍋的「無水烹調」鍵，選擇「烤魚」按「烹調」，不用加油。待內鍋熱了之後放下鮭魚，每一片平鋪在鍋底，不要重疊。如果鮭魚片過大，可切成幾塊才下鍋。

3. 蓋上鍋蓋後，記得中途要翻面，且每面煎5分鐘。而煎魚的時間與鮭魚本身厚薄有關，注意當側邊橘色的魚肉慢慢從底部開始熟成轉白色，約至1/2 高度時，便可以翻面 。

4. 調味料混合後淋在鮭魚上，等汁稍變濃後便可起鍋。上桌時灑上蔥花及白芝麻就完成。

TIPS

1. 選擇約 2～2.5 公分厚的鮭魚較容易煎熟，且魚肉又易保持鮮嫩多汁。

2. 鮭魚會越煎越出油，可以在淋醬汁前，先將部分油先撈出，吃起來就不油膩。

泰國餐廳點菜率第一名的月亮蝦餅，
其實是台灣人獨創的「偽泰國美食」。
將台式的金錢蝦餅餡料夾在越南春卷皮內，
炸到金黃香脆後，再拌著泰式甜雞醬吃，
好一道台、泰混血的人氣美食！材料雖簡單，
但內餡的口感及鮮味全依賴蝦子的新鮮度，
萬萬不可因是餡料就隨便了事。而且運用萬用鍋控制火候，
不怕煎不熟或焦黃，讓金黃色美味上桌！

| 台、泰共同創作的人氣美食 |

月亮蝦餅

難易度 ★★★★☆

預計烹調時間 15′00

 材料（3～4 人份）

食材

蝦仁（去殼後）	300 克
豬肥油	50 克
小型越南春卷皮	6 張
油	3 茶匙

蝦漿醃料

雞粉	1 茶匙
太白粉	1 湯匙
胡椒粉	少許
香油	少許

 做法

1. 這道料理要花時間備料，先將豬肥油剁碎。然後將蝦仁用廚房紙巾吸乾水，以刀背壓成蝦泥後置於深碗，加入豬肥油碎末及蝦漿醃料拌均勻，用筷子朝同一個方向拌出黏性後再摔打出筋，蓋上保鮮膜放冰箱冷藏 20 分鐘。

2. 將蝦漿分成 3 份，取一份抹平在一張春卷皮上，蓋上另一張春卷皮壓平。重複完成 3 份。

3. 用牙籤在春卷皮兩面刺幾個小洞，防止煎的時候表面起泡。

4. 按「無水烹調」鍵，選擇「烤雞」後按「開始烹調」鍵。下油 1 茶匙燒熱，下蝦餅一份，開蓋煎至兩面金黃香脆，中途翻面。取出後再下油煎下一份。

5. 切塊裝盤，附上泰式甜雞醬沾用。

 TIPS

1. 冷凍過的蝦仁要完全解凍後徹底吸乾水才壓碎，否則煮的時候會出水進而影響脆度。

2. 若買不到越南春卷皮，也可以用台灣的春卷皮取代。

香煎黃金菜頭粿 →

← 清蒸蘿蔔糕

| 寓意步步高陞的年節小點 |

清蒸蘿蔔糕 VS
香煎黃金菜頭粿

難易度 ★★★☆☆　　預計烹調時間

60'00

清蒸蘿蔔糕

早期香港大排檔的蘿蔔糕，白白淨淨，只有蘿蔔絲及在來米粉，
蘿蔔絲很長，每一口都是蘿蔔香，但因為糕身偏軟，
因此宜蒸不宜煎，吃的時候淋上甜醬油、熟油，是每個人心中童年的滋味。

 材料（6～8人份）

食材		調味料	
白蘿蔔（去皮）	800 克	糖	1/4 茶匙
在來米粉	300 克	雞粉	1 茶匙
水	800ml	鹽	1/2 茶匙
油	適量	胡椒粉	1/8 茶匙

 做法

1. 白蘿蔔去皮削成絲放入萬用鍋內鍋，倒水 400ml，
   加糖 1/4 茶匙拌勻。

2. 放入萬用鍋內，並將上蓋限壓閥轉至「無水烹調」，
   按「無水烹調」鍵，選「焗烤時蔬」模式，按「開
   始烹調」，完畢後關蓋加熱 10 分鐘。

3. 另外準備鋼鍋放入 300 克在來米粉及剩餘 400ml 水，
   用打蛋器攪拌 2 分鐘，讓粉漿增加韌度。再倒入煮
   好的蘿蔔絲及汁液，不停攪拌至成糊狀，加調味料
   拌勻。

4. 把萬用鍋內鍋洗淨，抹上薄薄一層油，倒入已攪拌
   好的粉漿。

5. 上蓋限壓閥轉至「密封」，按「功能選擇」鍵，選
   擇「糕點」模式，按「開始烹調」鍵。

6. 烹調完成提示聲響起，待自動洩壓，安全浮子閥降
   下後，開蓋。

7. 糕面鋪上烘焙紙，倒扣盤子上。

6.

7.

難易度 ★★☆☆☆　　預計烹調時間

香煎黃金菜頭粿

台灣的傳統蘿蔔糕，又叫「菜頭粿」，
也是只有蘿蔔絲與在來米粉的結合，
不過台灣的糕身較硬一點，因此可以香煎、煮湯、油炸，
變化多端。運用萬用鍋的「糕點」模式，
不用再擔心糕蒸不熟而浪費了心血。

 做法

1. 將清蒸的蘿蔔糕放入冰箱冷藏，之後需要時再取出切片。

2. 選「無水烹調」的「烤雞」模式，按「開始烹調」，並在內鍋裡下少許油加熱後，
   開蓋煎 3 分鐘翻面，至兩面微焦，即可擺盤上桌。煎的時候要開蓋讓水分蒸發，
   表面才會焦香。

3. 上桌時可以淋上醬油或醬油膏，更顯美味。

TIPS

1. 挑選白蘿蔔時，建議最好選擇體型
   小、外皮白淨、肉質緊實、重量較重
   的蘿蔔，水分多且味道較好。

2. 剛製作好的蘿蔔糕不建議馬上拿去
   煎，最好先冷藏過夜，糕身變硬才好
   切片。保存可用保鮮膜包好放冰箱冷
   凍，要吃時再拿出退冰再煎或蒸。

延伸菜單——

港式臘味蘿蔔糕

港式臘味蘿蔔糕可是飲茶餐廳，或
過年才有的高檔貨。製作方式跟清
蒸蘿蔔糕一樣，只是在做法的第 3
步驟時，添加切碎及爆香的臘腸、
香菇、蝦米，然後在來米粉比例減
少。一樣運用萬用鍋的上蓋限壓閥
轉至「密封」，按「功能選擇」鍵，
選擇「糕點」模式，按「開始烹調」
鍵，即可完成。

預計烹調時間 **10'00**

| 快炒店的經典菜式 |

難易度 ★★☆☆☆

沙茶空心菜炒牛肉

在夜市常看到廚師在炒鍋裡鐵鏟「鏗鏗鏗」幾聲，
就炒好一盤空心菜牛肉，果真是快炒店的經典菜式！
在家裡用萬用鍋炒牛肉，無火又寧靜，
就算夏天也不會邊炒邊流汗。
只要醃牛肉時裹上太白粉，
炒出來的牛肉便滑嫩不柴。
香氣濃馥的沙茶醬拌著青綠爽脆的空心菜，
下飯殺手非這道莫屬。

 材料（2～3 人份）

食材		醃料	
牛肉片	180 克	沙茶醬	1 茶匙
空心菜	250 克	醬油	1 茶匙
蒜（片）	1 瓣	糖	3/4 茶匙
辣椒（片）	1/2 根	水	1 茶匙
米酒	1/2 湯匙	太白粉	1/2 茶匙
油	2 茶匙		

 做法

1. 空心菜洗淨切段，梗與葉子分開。牛肉片倒進沙茶醬、醬油、糖及水抓勻，醃 15 分鐘。炒之前裹上太白粉，增加滑嫩度。

2. 按「無水烹調」鍵，選擇「香酥蝦」，按「開始烹調」鍵。

3. 在萬用鍋內鍋加入 1 茶匙油，待熱油後熱炒牛肉至 7 分熟，取出。

4. 原鍋下油 1 茶匙，爆香蒜片及辣椒，先下空心菜梗翻炒幾下，再下空心菜葉子，倒米酒揮發後，牛肉回鍋快速拌炒均勻，可試味道並加鹽巴調味，即可立刻起鍋。

TIPS

1. 空心菜先炒梗再炒葉，同時加入米酒炒，則空心菜葉子便不怕過熟或放久變黑。

2. 喜歡沙茶醬重一點的話，可在爆香蒜片及辣椒後，加 1 茶匙沙茶醬及 1 湯匙水拌勻，才下空心菜。

客家小炒講究油、鹹、香要到位，口感也要精采，
豆干焦中帶嫩、魷魚有嚼勁卻不硬、肉絲富彈性多汁、芹菜青脆。
聽起來平凡無奇的小炒，實則魚、菜、肉、豆類全涵蓋，
下班回家只炒這一盤，就夠扒兩碗飯了！

| 鹹香下飯配啤酒的小炒料理 |

客家小炒

難易度 ★★★☆☆

預計烹調時間

 材料 （3 ～ 4 人份）

食材		泡發魷魚		調味料	
豬五花肉	150 克	米酒	適量	醬油膏	1 湯匙
豆干	4 塊	鹽	少許	醬油	1 茶匙
芹菜	3 株			雞粉	1/8 茶匙
乾魷魚	1/2 條			米酒	1 湯匙
蒜（片）	2 瓣			水	1 茶匙
青蔥	3 株				
紅辣椒（切斜片）	1 根				
油	2 茶匙				

 做法

1. 乾魷魚泡發約2～3小時後，剝去表面薄膜，切細橫條備用。豬五花肉切絲，豆干切片。芹菜及青蔥洗淨切段。

2. 按「無水烹調」鍵，選擇「烤雞」，按「開始烹調」鍵。

3. 萬用鍋內鍋燒熱，加1茶匙油下豬肉絲，關蓋爆香。然後再加入泡好的乾魷魚快速炒香，取出。

4. 下油1茶匙，豆干鋪滿鍋底，煎至兩面微焦。豬肉及乾魷魚回鍋，依序加入蒜頭、辣椒炒出香味。加米酒炒香，再加入其餘調味料拌勻。

5. 蓋上萬用鍋鍋蓋約1分鐘，讓食材吸收醬汁及收汁。

6. 最後加入蔥段及芹菜翻炒幾下，即可盛盤上桌。

TIPS

1. 乾魷魚選肉厚大型的，吃起來有嚼勁又不過硬。泡軟後表皮要橫切直切畫上幾刀，熟了會捲起來。

2. 煎豆干時不要重疊才能達到焦香效果，可分批煎。

很多朋友跟我學做這道料理，回家煮過後都大受稱讚。
油爆過的蒜末附在蝦殼上，Q彈的蝦肉盡是蒜末鹹香，
加上蝦子的鮮甜，配飯或配啤酒都是無敵！
尤其是使用萬用鍋的「香酥蝦」模式，蝦子不必先過油，
大大降低了油量，但口感滋味不變，
低卡美食10分鐘就上桌，更不用再懊惱油煙味了！

| 簡易料理的絕佳下酒菜 |

蒜香椒鹽蝦

難易度 ★★★☆☆

預計烹調時間 10'00

 材料（3～4人份）

食材

白蝦	300 克
太白粉	2 湯匙
蒜（末）	2 瓣
紅辣椒（末）	1 根
青蔥	1 株
鹽	1/2 茶匙
油	2 茶匙

 做法

1. 剪刀剪去蝦子頭上的尖刺及鬚腳，背部剪開去除黑腸。沖乾淨後再用廚房紙巾吸乾水，接著拍上薄薄一層的太白粉。將青蔥的蔥白切丁，綠色部分則切段。

2. 按下萬用鍋的「無水烹調」鍵，選擇「香酥蝦」後，再按「開始烹調」鍵。

3. 加入1茶匙油，待內鍋熱了之後再放下蝦子，將每一隻都平鋪在鍋底，不要重疊，也可分批煎。

4. 蓋鍋蓋煎蝦子，中途翻面，煎至表面微焦時取出。

5. 按「無水烹調」鍵，選「烤雞」，加油1茶匙，用油熱炒香蒜末，接著加入蔥白及辣椒末炒出香氣。將蝦子回鍋，加鹽巴炒一分鐘，讓蝦殼沾上蒜末及辣椒末，最後加入蔥段拌幾下便完成。

TIPS

解凍冷凍蝦子提醒：料理之前從冷凍庫取出，用活水沖 2～3 分鐘即可。切勿用冷藏解凍，慢慢退冰會讓蝦子失去鮮甜及緊實度。

蔥燒豆腐是家庭中最常見的家常豆腐料理，不但食材簡單又便宜，
且運用雞蛋豆腐本身的口感，搭配蔥香及醬油香味，
簡單步驟帶來魅力無窮的家常味。尤其是當豆腐吸飽了醬汁，
澆在白飯上超級無敵好吃，難怪銅板料理人人愛！

| 魅力無窮的家常豆腐料理 |

蔥燒豆腐

難易度 ★★★☆☆

預計烹調時間 10'00

 ## 材料 （2～3 人份）

食材		調味料	
雞蛋豆腐	1 盒	醬油	1 又 1/2 湯匙
麵粉	適量	醬油膏	1/2 湯匙
油	1 又 1/2 茶匙	糖	3/4 湯匙
青蔥（段）	1 株	高湯	50ml
白芝麻	少許		

做法

1. 雞蛋豆腐瀝乾水分，切0.7 公分厚片，沾上薄薄一層麵粉。

2. 按「無水烹調」鍵，選擇「香酥蝦」，按「開始烹調」鍵。

3. 在萬用鍋內加入1/2 茶匙的油，待內鍋熱後，放下豆腐片，每一片平鋪在鍋底，不要重疊。通常一盒雞蛋豆腐需分兩批煎。

4. 蓋上萬用鍋鍋蓋，每面煎烤4 分鐘，再掀鍋蓋翻面，煎至兩面金黃後，取出。

5. 按「無水烹調」鍵，選擇「烤雞」，加入1 茶匙油，油熱後下蔥段炒香，倒進混合好的調味料，豆腐回鍋輕輕翻炒沾上醬汁，汁變濃後即可盛盤上桌。

TIPS

煎豆腐時不需一直翻動，建議最好平鋪在鍋底，待煎烤至金黃色後，才用鍋鏟翻面，豆腐形狀便能保持完整。切記鍋鏟不能用鐵製或金屬製品，以免刮花內鍋。

延伸菜單——

韓式辣燉豆腐

這道是韓國的家常菜，香味特別令人回味。製作方法也簡單，先將韓式辣椒醬及醬油各2 茶匙，以及水 1/2 杯、麻油 1 茶匙，再加入適量的蔥末、薑末、蒜末及白芝麻粒，混合醬汁。待豆腐煎好取出後，一樣用萬用鍋按「無水烹調」鍵，選擇「焗烤時蔬」，放入洋蔥、豆芽及韭菜炒香，下醬汁，煮 8 分鐘至醬汁變濃便完成。

有了萬用鍋，才知道滷味能夠輕易做到！全部材料下鍋，
按鍵一壓，不用一小時就自動滷好，省時又省力。
有了牛腱，要變出前菜冷盤、牛肉麵、牛肉卷餅，
甚至是下酒最對味的涼拌菜，都是易如反掌，大家都可變大廚！

| 只要一小時，輕鬆滷好！ |　難易度 ★★★★☆

預計烹調時間 60'00

滷牛腱

 材料（3～4人份）

食材		調味料	
牛腱	1個	滷包	1包
薑片	1片	醬油	100ml
蔥	1株	米酒	2湯匙
香菜（或青蒜）	1株	冰糖	1又1/2湯匙
		水	800ml

 做法

1. 先將蔥及香菜洗淨瀝乾，同時將蔥切段。

2. 按「無水烹調」鍵，選「香酥蝦」及「開始烹調」鍵。

3. 放入對切的牛腱，並倒入開水蓋過牛腱，然後關上萬用鍋鍋蓋汆燙8分鐘後取出，並把水倒掉。

4. 再將牛腱放入萬用鍋內鍋，加入薑片、蔥段及所有調味料。喜歡辣味的人，可加幾根紅辣椒一起滷。

5. 然後將萬用鍋的上蓋限壓閥轉至「密封」，按「功能選擇」鍵，選擇「牛肉／羊肉」模式及「開始烹調」鍵。

6. 烹調完成提示聲響起，即可開蓋。

7. 牛腱放涼後即可切片盛盤，淋上少許滷汁，放上香菜或青蒜便完成。

TIPS

1. 吃不完的牛腱則建議最好泡在滷汁裡，放入冰箱浸泡6～8小時更入味，但不要泡超過半天，以免過鹹。

2. 滷好的牛腱有很多種吃法，像是可將牛腱片夾在烤好的蔥油餅內，加上蔥段及甜麵醬便成「牛肉捲餅」。

延伸菜單——

滷味拼盤

因每種食材滷製所需時間不同，需要較長時間的牛腱可單獨先滷，完成後再用同鍋滷汁，放入豆干、豆皮、海帶、花生、水煮蛋等，選「密封」的「米飯」模式再滷過，等放涼後，可與牛腱放一起，就是豐富的滷味拼盤。

家宴
闔歡
主菜

PART
3

誰說沙拉一定要冷冷涼涼的吃？

現在，瘦身界正流行一股「溫沙拉」食尚，

透過吃溫沙拉方式獲得飽足感，

以利控制體重。溫沙拉一詞源起於法國的「Salade Tiède」，

顧名思義就是吃起來溫熱的沙拉。

而這道烤牛小排溫沙拉就是經典菜色。

尤其是新鮮的牛小排，本身就是最好的滋味，

只要一點點的海鹽及黑胡椒提味，搭配用橄欖油烤過的當季新鮮蔬菜，

就成了高級餐廳等級的牛排沙拉！

| 與法國同步的零澱粉高級料理 |

烤牛小排溫沙拉

難易度 ★★★☆☆

預計烹調時間 10'00

 材料（1 人份）

食材		沙拉			
牛小排	130 克	小番茄	2 顆	蒜（末）	1 瓣
海鹽	少許	櫛瓜	1/3 條	鹽	1/8 茶匙
黑胡椒	少許	茄子	1/3 條	初榨橄欖油	少許
橄欖油	1/2 茶匙	黃甜椒	1/8 顆		

 做法

1. 擦乾牛小排上的水分，將兩面均勻灑上海鹽、黑胡椒及橄欖油。

2. 按下萬用鍋的「無水烹調」鍵，選「烤雞」，再按「開始烹調」鍵。待內鍋熱時直接下牛小排，不必加任何油。可蓋上鍋蓋煎牛小排，但中途記得翻面。每面煎約 2 分鐘後，再按「保溫／取消」，取出牛小排放盤子上。

3. 不用洗內鍋，按「無水烹調」鍵，選「焗烤時蔬」模式，將已洗淨瀝乾切段的蔬菜及蒜末倒進內鍋鋪平，蓋鍋蓋煎 3 分鐘，中途打開翻面。起鍋前灑上鹽巴攪拌均勻，盛盤後再滴少許橄欖油增添香氣。

TIPS

1. 冷凍牛排最好在前一天移到冷藏櫃解凍，下鍋前 30 分鐘取出置於室溫，讓牛排的中心溫度回復到與室溫相同。不要直接從冷凍取出放在水裡解凍，會破壞肉質。

2. 牛小排要徹底擦乾水才下鍋，否則邊煎邊出水會變成水煮牛排效果，無論是口感或視覺都會大打折扣。

香港人最愛吃的蜜汁叉燒，永遠是餐桌上的寵兒。
以往是炭爐猛火燒烤將叉燒烤得焦脆豐潤，
在香港有關單位停發炭爐牌照後，
現在飯店、餐廳都改用慢煮的方法料理來延續昔日的美味。
某天我思念這種家常美食，用日本梅酒、蜜汁叉燒醬、薑汁等將豬肉醃漬隔夜，
再用「烤排骨」的功能完成這道家鄉菜。做出來的叉燒很細嫩，
不過意想不到的是，梅子酒香的風味比原版的玫瑰露酒更清新、迷人呢。

| 歷久彌新的香港味道 |

梅酒蜜香叉燒

難易度 ★★★☆☆

預計烹調時間 25'00

 材料（2～3 人份）

食材

豬梅花肉	350 克
蜂蜜	少許

醃料

蜜汁叉燒醬	2 湯匙
醬油	1/2 湯匙
梅酒	1/2 湯匙
薑汁	1 茶匙

 做法

1. 豬梅花肉切成 3 公分厚的長條狀。

2. 豬肉放入醃料，放冰箱冷藏醃漬 1 小時，醃過夜更入味。

3. 內鍋鋪鋁箔紙，將醃過的豬肉放鋁箔紙上。醬汁留下備用。

4. 按「無水烹調」鍵，選「烤排骨」後蓋上鍋蓋，中途翻面，烤至表面水分已蒸發時，分次淋上醃料醬汁。最後再刷上蜂蜜，續烤至表面微焦。

5. 叉燒取出放涼片刻後切片。

TIPS

1. 豬肉部位適合肉質綿軟無筋、脂肪均勻的豬梅花或豬後腿肉，不建議用口感較容易柴的里肌肉。

2. 這裡以梅酒取代傳統港式叉燒用的玫瑰露酒，既香又解膩。大家也可試試用不同果酒醃漬，相信效果也不錯。

延伸菜單——

蜜汁雞腿

使用同樣的做法，將豬肉換成雞腿，改用「無水烹調」的「烤雞」模式，這樣就完成一道港式燒臘店的蜜汁雞腿了！

蒸魚最重火候，以萬用鍋蒸魚，
最適合選擇肉厚、纖維細及脂肪高的鮮魚。
鱈魚魚肉因為魚皮脂肪多，且少刺、多肉且肉質較為軟嫩，
蒸出來味道甘美，讓廚房新手容易掌握，也不易失敗。

| 新手也能駕馭的蒸魚料理 |

難易度 ★★☆☆☆

清蒸鱈魚

預計烹調時間 15'00

 材料 （2～3人份）

食材

鱈魚	150 克	紅辣椒（可省略）	1 根
薑	3 片	油	少許
青蔥	2 株		

調味料

| 蒸魚醬油 | 2 湯匙 |

 做法

1. 將青蔥 1 株切段，1 株切成絲。紅辣椒切絲。薑片及蔥段鋪於深盤上。

2. 洗淨的鱈魚先用廚房紙巾吸乾水分後，鋪在薑蔥上，再淋上少許油。

3. 內鍋倒水 1 杯後放蒸架，深盤置蒸架上。

4. 上蓋限壓閥轉至「密封」，按「功能選擇」鍵，選擇「煮粥」模式後再按「保壓時間」，調整為「6 分鐘」後，按下「烹調」鍵。

5. 烹調完成提示聲響起，立刻手動洩壓，待安全浮子閥降下後，按「保溫／取消」鍵，即可開蓋。

6. 倒掉部份魚肉水，放蔥絲和紅辣椒絲，淋上蒸魚醬油，即可上桌。

TIPS

傳統港式蒸魚是蒸好後才淋上滾燙的油，但腸胃不好的人吃到淋油容易腸胃過敏，所以這裡改為先淋油再蒸。

延伸菜單——

泰式檸檬蒸虱目魚肚

做法一樣，只是將鱈魚改為虱目魚肚。並將適量檸檬汁、蒜末、香菜梗碎末、辣椒末、糖、酒與魚露混合成醬汁，淋在虱目魚肚上。使用同樣的蒸法、模式及時間，蒸好再放上檸檬片及灑上香菜葉碎末就完成。

滷白菜是非常簡單的家常菜，
只要掌握好這個食譜的基本做法，
便可任意加上自己喜歡的食材做出變化。
可全素，也可加蛋酥、豬肉或鮮魚，
在家自己製作 ，人人都可以輕易上手。

| 百搭的家常美味魔法 |　　難易度 ★★☆☆☆

滷白菜

預計烹調時間 40'00
分　秒

 材料（3～4人份）

食材

大白菜	600 克	炸豆皮	60 克
乾香菇	2 朵	蒜（末）	2 瓣
蝦米	15 克	蔥白（末）	1 株
紅蘿蔔	60 克	油	2 茶匙
黑木耳	60 克		

調味料

醬油	1 又 1/2 茶匙
烏醋	1 又 1/2 茶匙
鹽	3/4 茶匙
糖	1/4 茶匙
胡椒粉	1/4 茶匙
高湯（含泡香菇、蝦米水）	300ml

 做法

1. 炸豆皮先用熱水泡軟擠乾後切段，蝦米泡水 10 分鐘，香菇泡軟切薄片。

2. 大白菜切大塊後洗淨瀝乾，紅蘿蔔去皮切片，黑木耳撕成小塊。

3. 按下萬用鍋的「無水烹調」鍵，選擇「烤雞」，再按「開始烹調」。這時即可加油爆香蒜末、蔥白，再加入蝦米及香菇。等香味出來後，再放進大白菜、黑木耳、炸豆皮及所有調味料，全部一起拌勻。

4. 將萬用鍋的上蓋限壓閥轉至「密封」，按「功能選擇」鍵，選擇「煮粥」模式及「開始烹調」鍵。

5. 烹調完成提示聲響起，待自動洩壓、安全浮子閥降下後，即可開蓋。

TIPS

1. 炸過的豆皮過熱水可去掉油分。若想吃更傳統的口味，可用炸豬皮代替炸豆皮。

2. 若喜歡吃肉的人，可以加豬肉絲，可在下蝦米前加入肉絲並炒至轉白即可。

冰涼的可樂是我多年來心愛的飲料，
很喜歡氣泡在舌頭上滋滋的跳，
全身立刻充滿了開趴的活力！
除了好喝之外，可樂還很適合做菜。例如燉豬腳就
可以用可樂代替部分醬油和細冰糖，
讓Q彈豬皮漆上一層漂亮的焦糖色，
吃起來也有滋滋的焦糖香氣，非常有層次。

| 碳酸飲料變身美味法寶 | 難易度 ★★★★☆

可樂豬腳

預計烹調時間 60'00

 材料 （4 ～ 5 人份）

食材

豬腳（剁塊）	800 克
薑	5 片
蒜頭（去皮）	4 瓣
青蔥（切段）	1 株
油	1 湯匙

調味料

可樂	335ml	細冰糖	1 湯匙
醬油	200ml	鹽	1/4 茶匙
水	800ml	月桂葉	2 片
米酒	2 湯匙	胡椒粉	少許

 做法

1. 按「無水烹調」鍵，選「烤排骨」後，下豬腳及薑 2 片，倒水蓋過豬腳。接著蓋上鍋蓋，汆燙 8 分鐘後取出。

2. 將豬腳泡冰塊水急速冷卻。

3. 繼續「烤排骨」模式，加油將薑片、蒜頭及蔥段炒香。再將豬腳放回內鍋，撥出一空間放入冰糖，待冰糖融化後翻炒豬腳上色，讓豬皮油亮。

4. 倒進所有調味料。將萬用鍋的上蓋限壓閥轉至「密封」，按「功能選擇」鍵，選擇「豆類／蹄筋」模式，再按「保壓時間」，將時間增長至 50 分鐘後按「烹調」鍵。

5. 烹調完成提示聲響起，待自動洩壓、安全浮子閥降下後即可開蓋上菜。

TIPS

1. 豬腳汆燙後立即冰鎮，可讓皮與肉急速收縮，吃起來 Q 彈爽口。

2. 密封「豆類／蹄筋」50 分鐘的豬腳，口感軟硬適中。第一次滷建議先密封 30 分鐘。試吃後，如想更軟可再密封烹調 20 分鐘。

3. 可樂也可用蘋果西打、雪碧代替。

經典台菜三杯雞作法簡單隨意，
只要用醬油、麻油、米酒各一杯就可完成。
我很喜歡萬用鍋溫和的火力，
與不耐高溫的麻油很合拍，
可以慢慢把三杯香氣和雞肉塊融合，
使雞肉不乾澀，鍋底也能保持乾爽。
不用花很多攪拌、顧火的時間，
就能輕易煮出一鍋家常下飯料理。

| 滋味懷舊的經典台灣菜 |　　難易度 ★★★★☆

三杯雞

預計烹調時間

 材料（2～3人份）

食材		調味料	
雞腿（切塊）	2 隻	黑麻油	2 湯匙
薑（薄片）	10 片	醬油	1 又 1/2 湯匙
蒜頭（去皮）	5 瓣	米酒	1 湯匙
紅辣椒（切片）	1 根	冰糖（細）	1 湯匙
九層塔	1/3 杯		

 做法

1. 按「無水烹調」鍵，選「焗烤時蔬」及「開始烹調」鍵，內鍋倒入麻油，將薑片焗至邊緣捲起。

2. 加入蒜頭及辣椒焗至香味出來，按「保溫／取消」鍵。

3. 按「無水烹調」鍵，選「烤雞」，雞皮朝下放入雞腿塊，蓋上鍋蓋。

4. 雞皮烤至微焦時翻面，待雞肉 8 分熟時，撥出空間加冰糖。當冰糖融化時與雞腿塊拌炒上色，讓雞肉發出油亮光澤。

5. 鍋邊倒進醬油，拌炒讓雞肉表面醬色金黃。接著倒入米酒，蓋上鍋蓋燜煮至入味收汁。

6. 起鍋前放入九層塔拌炒增添香氣，盛盤即可上桌。

TIPS

要讓三杯雞有誘人的金黃色澤，糖色和醬色是關鍵。用萬用鍋做三杯料理，冰糖要使用細顆粒的，才容易溶化好上色。

正宗港式鮮蝦粉絲煲，除了講究蝦子品質新鮮及肉質結實外，
粉絲往往喧賓奪主，成為筷子對準的目標。
美味其實有訣竅的，想要做出好吃的鮮蝦粉絲，
一定要先將粉絲調味，最後再吸滿濃濃的蝦汁，
就能達到 Q 彈又入味的境界！
正宗港味，一吃過總讓人念念不忘。

| 讓人念念不忘的正宗港味 |

難易度 ★★★★☆

蠔油鮮蝦粉絲煲

預計烹調時間 20'00

 材料（2～3 人份）

食材		粉絲調味料		蝦子調味料			
白蝦	300 克	高湯	100ml	蒜（末）	1 瓣	鹽	1/2 茶匙
粉絲	1 捆	蠔油	1/2 湯匙	紅蔥頭（末）	1 瓣	糖	1/2 茶匙
油	3 茶匙	醬油	1/2 湯匙	青蔥（段）	1 株	高湯	2 湯匙
		糖	1/2 湯匙	紅辣椒（斜片）	1/2 根	紹興酒	適量
				蠔油	1/2 湯匙		

 做法

1. 先將粉絲泡軟。蝦子剪去尖刺及鬚腳，去除黑色泥腸，沖乾淨後再用廚房紙巾吸乾水 。

2. 按「無水烹調」鍵，選擇「香酥蝦」，按「烹調」鍵。先將粉絲的調味料，如高湯、蠔油、醬油及糖一起煮滾後，倒入深碗，放入粉絲浸泡至入味。

3. 內鍋洗淨後再選「無水烹調」的「烤魚」模式，等內鍋熱後，加入 1 茶匙的油煎烤蝦子。並蓋起鍋蓋煎烤，記得中途翻面，煎至 7 分熟後取出。

4. 再下 2 茶匙的油爆香紅蔥頭、蒜末、蔥段及辣椒片。把煎烤過的蝦子回鍋拌炒後，下紹興酒，接著加蠔油、高湯、鹽、及糖拌勻後，取出蝦子。

5. 再放入已浸泡的粉絲來吸收蝦子的湯汁，一直拌炒至粉絲收汁，即可盛盤。

6. 最後，再把蝦子鋪在粉絲上便完成。

TIPS

解凍冷凍蝦子提醒： 吃之前從冷凍庫取出，用活水沖 2～3 分鐘即可，切勿用冷藏解凍，慢慢退冰會讓蝦子失去鮮甜及緊實度。

我特別喜歡綠咖哩，
青辣椒和九層塔混合的香氣很迷人，
加上椰奶香味四溢，
有種越流汗越想吃的魔力。
把牛肋先炒香，再用「密封」的加壓功能煮至軟爛入味，
省時又省力。我認為，咖哩就是要在家裡吃最好，無視他人白眼，
用湯匙狠狠地把鍋裡的咖哩吃光，任何一滴的咖哩醬都不放過。

| 讓人大呼過癮的魔力咖哩 |

泰式綠咖哩牛肋

難易度 ★★★★☆

預計烹調時間 55'00

 材料 （3～4 人份）

食材				調味料	
綠咖哩醬	1 包	茄子	1 條	高湯（或水）	100ml
椰奶	200ml	小番茄	5 顆	魚露	1 茶匙
牛肋	450 克	九層塔	6 片	糖	2 茶匙
洋蔥	1/2 顆	紅辣椒	1 根	檸檬	1/2 顆
馬鈴薯	1 顆				

 做法

1. 牛肋表面較厚的脂肪去掉，切成大塊。

2. 洋蔥及馬鈴薯切成大塊，茄子切成滾刀塊，小番茄對切，紅辣椒切片。

3. 按下萬用鍋的「無水烹調」鍵，選擇「焗烤時蔬」，倒進綠咖哩醬炒香。接著加入洋蔥、馬鈴薯及牛肋拌炒一下。

4. 倒進椰奶及高湯後攪拌均勻。

5. 將萬用鍋上蓋限壓閥轉至「密封」，按「功能選擇」鍵，選擇「牛肉／羊肉」模式及「烹調」鍵。

6. 烹調完成聲響起，按「保溫／取消」鍵，待自動排氣、安全浮子閥降下後，即可開蓋。

7. 按「無水烹調」，選「焗烤時蔬」，加進茄子及小番茄，拌炒約 5 分鐘至茄子變軟後加入魚露及糖調味，按「保溫 / 取消」鍵。

8. 放入九層塔及辣椒片，然後盛盤上桌，再擠一些檸檬汁，香味十足又豐富。

TIPS

1. 牛肋最好先炒過，如此待肉塊燉至熟軟後，形狀還能保持。

2. 注意不同品牌的綠咖哩醬在鹹度及味道上會有差異，要邊試味邊加調味料。

品嘗道地歐洲鄉村家常菜

義式獵人燉雞

難易度 ★★★★☆　　預計烹調時間

45'00

義式獵人燉雞

義式獵人燉雞（Pollo alla Cacciatora）是歐洲鄉村十分普遍的家常菜。
聽說源自早期獵人於狩獵期間在外的野食，以容易取得的禽類、羊肉或兔肉為主，
配上時蔬用慢火燉煮數小時的西式燉肉，十分下飯。對現在人來說，
或許沒有時間顧火，這時萬用鍋就是最好的小幫手。
只要按下「密封」烹煮，等 30 ～ 45 分鐘後便能輕易完成一鍋溫暖的拌飯料理，
即便是新手也能快速上手不失敗。

材料 （3 ～ 4 人份）

食材

雞肉棒棒腿	5 隻（約 600 克）	橄欖	5 顆
洋蔥	1/2 顆	蒜（末）	1 瓣
紅蘿蔔	1/2 條	月桂葉	1 片
西洋芹	1 根	橄欖油	2 湯匙
紅甜椒	1/2 顆	迷迭香	1/2 茶匙
小番茄	5 顆		

醃料

鹽	1 茶匙
黑胡椒	適量
麵粉	4 湯匙

醬汁

白酒	80ml
番茄糊	400ml

做法

1. 棒棒腿先用廚房紙巾吸乾水分，灑上鹽及黑胡椒等醃料，放置 10 分鐘後再灑上麵粉。

2. 然後將洋蔥及紅甜椒切絲，紅蘿蔔去皮切成約 0.5 公分塊狀，西洋芹削皮後切成 1 公分丁塊，橄欖切片備用。

3. 按下萬用鍋的「無水烹調」鍵，選擇「烤雞」及「開始烹調」鍵，加入 1 湯匙油熱鍋後，將醃好的棒棒腿放入，煎至兩面金黃後取出。而關上蓋子，並隨時開蓋翻動，可以加速雞腿熟成時間。

4. 鍋中放入蒜末、洋蔥、洋芹、紅蘿蔔、紅甜椒、小番茄、月桂葉、迷迭香拌炒。

5. 加白酒繼續炒至酒精蒸發後，再把棒棒腿回鍋，並倒入番茄糊攪拌均勻。

6. 上蓋限壓閥轉至「密封」，按「功能選擇」鍵，選擇「雞肉／鴨肉」模式，再按「保壓時間」，調整「分」，將時間增加至 20 分鐘後，輕壓「開始烹調」鍵。

7. 烹調完成提示聲響起，開蓋加入橄欖片即可盛盤。

TIPS

1. 選擇夏多內（Chardonnay）及白蘇維濃（Sauvignon Blanc）等不甜的白酒適合燉雞肉。

2. 材料中的番茄糊是指已攪成番茄泥的罐頭，或新鮮現做的番茄糊，並非帶甜味的番茄醬。

3. 獵人燉雞的肉類可隨意替換，但要注意白肉要配白酒，而紅肉要配紅酒。

| 讓人吮指的烤肉好滋味 |

BBQ 醬烤豬肋排

難易度 ★★★★★　預計烹調時間

BBQ 醬烤豬肋排

每次家裡請客，端出豬肋排時總是歡呼不斷！我的「JJ 特調」是以紅葡萄醋為基底的私房醃醬，帶出陣陣義式風情的烤肉滋味！先蒸後烤達到軟嫩多汁的大廚祕訣，萬用鍋絕對是意想不到的好幫手。週末烤一排，客人無不吃到吮手指！

 材料（3～4 人份）

食材		醃料			
豬肋排	500 克	巴薩米克醋	45ml	蜂蜜（或楓糖）	1/4 湯匙
		番茄醬	3 湯匙	蒜	1 瓣
		黃芥茉	1/4 湯匙	初榨橄欖油	1/2 湯匙
		紅糖	1 又 1/2 湯匙		

做法

1. 豬肋排放進內鍋，加水蓋過肋排。上蓋限壓閥轉至「密封」，按「功能選擇」鍵，選擇「煮粥」模式及「開始烹調」鍵。

2. 煮熟後取出豬肋排，待涼後放入密封袋與醃料醃 3 小時以上或醃過夜。

3. 豬肋排濾去醃料，但醬汁先別倒掉，要留下備用。按「無水烹調」鍵，選「烤排骨」，放入豬肋排，且肉面朝下，關蓋烤 20 分鐘，中途要翻面及觀察不要烤焦。

4. 倒進醬汁收汁至濃稠。

5. 將豬肋排吸滿醬汁時，即可盛盤上桌。

TIPS

豬肋排如過長不能整排放進內鍋，可先切成條狀再煮，及分批烤。

延伸菜單——
BBQ 醬雞排堡

剩餘醬汁別倒掉，還可以延伸利用。只要將豬肋排換成雞排，並用相同的方式醃漬雞排，將雞排烤熟後，再將萵苣及番茄夾在漢堡裡就是美味的 BBQ 醬雞排堡，最適合在 Brunch 使用。

在香港，檸檬雞翅算是很受歡迎的家常菜，
不僅做法簡單而且酸甜又開胃。
利用萬用鍋煎雞翅，加入奶油及蒜頭入味
最後再用鮮榨檸檬汁、
蜂蜜等調出天然清新的口味，
放入鍋裡，讓雞翅煮到微焦收汁，便大功告成。
酸酸甜甜的滋味，讓人一口接一口！

| 清新口味的雞翅料理入門 | 難易度 ★★★☆☆

檸檬雞翅

預計烹調時間

 材料 （2～3 人份）

食材		醃料		醬汁	
雞翅	300 克	鹽	1 茶匙	檸檬汁	2 湯匙
蒜頭	6 瓣	黑胡椒	少許	蜂蜜	1 湯匙
奶油	1 湯匙			鹽	1/2 茶匙
				黑胡椒	1/8 茶匙
				雞高湯	50ml
				義大利綜合香料	1/2 茶匙

 做法

1. 將雞翅用醃料的鹽及黑胡椒，醃製約 20 分鐘。

2. 按下萬用鍋的「無水烹調」鍵，選「烤雞」，放入奶油融化後，再下雞翅及蒜頭煎至兩面金黃。

3. 醬汁拌均勻後淋在雞翅上，蓋上鍋蓋，讓雞翅續烤全熟及入味。待醬汁變濃稠後即可盛盤上桌。

TIPS

雞翅要擦乾水再下鍋，這樣才能烤至表面金黃，否則邊烤邊出水會變成水煮效果。

如同電影《美味關係》所演的，
紅酒燉牛肉（Boeuf Bourguignon）是美國女廚神 Julia Child
的拿手好菜。雖然看似簡單地把東西全放入的燉肉，
但其實講究的地方很多！萬用鍋烹調不失好幫手，且味道十足。
只要小心將牛肉塊兩面微煎，產生「梅納反應」後，
再用「保壓」功能烹調 35 分鐘收汁，便火速完成一道入口即化的燉肉，
絕對是開趴辦桌最佳工夫菜！

| 廚神拿手菜自己動手做 |　難易度 ★★★★★

紅酒燉牛肉

預計烹調時間 60'00

 材料 （4～5 人份）

食材				醬汁		醃料	
牛肋	400 克	蒜末	1 瓣	紅酒	180ml	鹽	1 茶匙
洋蔥	1/2 顆	月桂葉	1 片	雞高湯	120ml	黑胡椒	適量
紅蘿蔔	1 條	橄欖油	1 又 1/2 湯匙	番茄醬	1 茶匙	麵粉	1 湯匙
蘑菇	120 克	奶油（可省略）	1 茶匙	麵粉	2 茶匙		
培根	2 片	巴西里（可省略）適量					

 做法

1. 將牛肋表面較厚的脂肪去掉後切大塊，灑上 1 茶匙鹽及適量黑胡椒醃 10 分鐘，然後再灑上 1 湯匙麵粉。

2. 培根切細條。洋蔥切大塊，紅蘿蔔去皮後，切成滾刀塊。蘑菇擦拭乾淨。切記牛肉及蔬菜要切大塊，燉煮後才不會化開。

3. 按「無水烹調」鍵，選擇「烤雞」，加入 1 湯匙油後倒進蘑菇，開鍋蓋煎至微焦後取出，約需 10 分鐘。

4. 放入醃好的牛肋，煎至兩面微焦後取出。

5. 加入 1/2 湯匙油，煎培根至微焦後，再加入番茄醬略為攪拌，並灑上麵粉快速拌炒 30 秒。

6. 倒進月桂葉、紅酒及高湯。之後再把蒜末、洋蔥、紅蘿蔔加入拌炒，然後牛肋回鍋。

7. 把萬用鍋的上蓋限壓閥轉至「密封」，按「功能選擇」鍵，選擇「牛肉／羊肉」模式及「烹調」鍵。

8. 烹調完成提示聲響起，待自動排氣、安全浮子閥降下後，即可開蓋。

9. 按「無水烹調」，選「焗烤時蔬」及「烹調」，加進蘑菇及奶油，收汁至喜歡的濃稠度便完成。盛盤後灑上巴西里，配飯、法國麵包或馬鈴薯泥都合適。

TIPS

1. 選擇卡本內蘇維濃（Cabernet Sauvignon）及黑皮諾（Pinot Noir）紅酒都適合燉牛肉。

2. 想要加速收汁速度，可以取小碗的湯汁，然後將 1～2 茶匙的麵粉加入在小碗中融合，再倒進鍋中拌勻即可。

即使遠至歐洲、美國，都不難在中菜餐館找到「麻婆豆腐」
這道四川菜紅亮豔麗的身影，
它幾乎算是最有代表性的中華料理呢！
這道料理能如此深入民心，
其實與做法簡易不無關係——你只需有一瓶豆瓣醬，
以及用溫柔的一雙巧手烹調嫩滑的豆腐，
一道色香味俱全的小菜便可輕鬆完成！

延伸菜單——

麻辣鴨血豆腐

做法與麻婆豆腐一樣，只是豆腐改為板豆腐，並加入鴨血。一樣用萬用鍋的「無水烹調」，選擇「烤魚」模式，將高湯與麻辣醬混合加熱，接著放入板豆腐塊及汆燙好的鴨血，等到再度燒熱後，按「保溫／取消」關火。關下鍋蓋後浸泡 30 分鐘，讓味道進入鴨血及板豆腐中。之後再開鍋蓋時，再度加熱，即可盛盤灑上蔥花便可上桌。

| 最具代表性中華豆腐料理 |　難易度 ★★★★☆

麻婆豆腐

預計烹調時間　**10'00**
分　秒

 材料（2～3人份）

食材		醃料		調味料			
家常豆腐	350 克	醬油	1 茶匙	辣豆瓣醬	1 又 1/2 湯匙	花椒粉	1/2 茶匙
豬絞肉	150 克	太白粉	1/2 茶匙	辣椒醬	1 茶匙	蔥花	1/2 株
薑（蓉）	1 茶匙	糖	1/2 茶匙	醬油	1 茶匙	太白粉	1 湯匙
蒜（末）	1 茶匙	水	2 茶匙	糖	1/2 茶匙	水	1 又 1/2 湯匙
		胡椒粉	少許	雞高湯	150ml		

 做法

1. 豆腐洗淨後，切約 1.5 公分大小的丁狀，然後將豆腐汆燙。即在萬用鍋的內鍋裝水至刻度「2」，加 1 茶匙鹽，輕輕放入豆腐丁。蓋上鍋蓋後按「無水烹調」鍵，選擇「烤魚」及「烹調」。

2. 等水煮開後，按「保溫／取消」鍵，讓豆腐泡在熱水中 5 分鐘，吸收鹽分和保溫。接著打開鍋蓋，將內鍋水倒掉，輕輕取出豆腐丁，並瀝乾水備用。

3. 豬絞肉用醃料醃漬約 20 分鐘。

4. 將內鍋中水分擦乾後加入油 1 茶匙，按「無水烹調」鍵，選「烤魚」。待油熱後，放入己醃好的豬絞肉炒至變白色，再下薑蓉和蒜末一起爆香拌炒均勻。接著加入豆瓣醬、辣椒醬拌炒至辣香味盡出後，再倒進雞高湯煮開，再加入醬油與糖調味。

5. 輕輕把汆燙好的豆腐加進鍋中，用鍋鏟小心推勻醬汁，切勿用力翻炒把豆腐弄散。

6. 等萬用鍋再次煮滾後，分 2 次倒進用太白粉及清水拌勻的勾芡，並輕輕拌勻直到達到自己想要的濃稠度後，就可按「保溫／取消」鍵關火，盛盤。

7. 在上桌前，在麻婆豆腐上均勻灑上花椒粉與蔥末，讓視覺豐富。

TIPS

1. 烹調前讓豆腐先泡鹽水 15 分鐘，可逼出豆腐內的水分，讓組織更緊實，豆腐便較不容易炒爛，賣相漂亮且口感更好。

2. 辣度可自己調整，若喜歡吃更辣的，則加入辣椒拌炒，比辣椒醬更入味。

風味主餐料理

PART 4

捏成各式各樣的可愛形狀、一口一顆的小圓球飯糰，
讓孩子帶去野餐的話，小朋友都會搶著吃呢！
拌飯的材料自然是孩子最喜歡的鮭魚，冷了也一樣好吃！
上面口感爽脆的秋葵，則像一顆顆小星星，健康美味又可愛。

| 孩子最愛的一口小飯糰 |　　難易度 ★★☆☆☆

鮭魚秋葵飯糰

預計烹調時間

 材料（1～2 人份）

食材		醃料	
鮭魚	60 克	鹽	少許
秋葵	4 條	黑胡椒	少許
白飯	1 碗	橄欖油	1/8 茶匙

 做法

1. 鮭魚擦乾水分，兩面均勻灑上海鹽、黑胡椒後，再抹上橄欖油。

2. 用萬用鍋按下「無水烹調」鍵，選擇「烤魚」，加水至內鍋刻度「2」，等水熱後放入秋葵，燙熟後取出沖冷水冷卻，切成小丁。

3. 內鍋水倒掉後把剩餘水分擦乾，重新熱鍋後放下鮭魚，蓋鍋蓋煎，每面煎 5 分鐘，中途翻面。放涼後用叉子壓碎。

4. 白飯、鮭魚及秋葵混合後，挖 1 湯匙放保鮮膜上，包起來捏成圓球狀定型。這是因為溫熱的白飯黏性最佳，飯糰較容易捏成圓球狀，放入便當也不易變形。

TIPS

1. 鮭魚煎好後把油濾出再壓碎，比較不油膩。
2. 拌飯時可灑上海苔酥，香氣更足。

滷肉燥製作簡單，卻是各家有各家獨特的配方手法。
豬肉幾分肥幾分瘦；切丁、切條還是絞碎；
醬油與糖的比例，在家依照家人的喜好煮一定最好吃。
萬能的肉燥，既可澆在白飯及麵上，也可拌青菜。
燉好一鍋，不管是搭配茄子、配青椒小炒，或者是煮豆腐，
隨便組合都能變出一桌的美味。

| 最百搭的家常美味 | 難易度 ★★☆☆☆

滷肉燥

預計烹調時間

 材料 （4～6人份）

食材		調味料	
豬五花絞肉	380 克	醬油	4 湯匙
油蔥酥	25 克	冰糖	1/2 湯匙
油蒜酥	25 克	米酒	1/2 湯匙
		水	200ml

 做法

1. 用萬用鍋按下「無水烹調」鍵，選擇「烤排骨」及「烹調」，內鍋不加油，直接將豬絞肉下鍋炒至半熟，也就是肉轉為白色。

2. 加入油蔥酥及油蒜酥炒香。

3. 倒進調味料拌勻。

4. 蓋上鍋蓋後上蓋限壓閥轉至「密封」，按「功能選擇」鍵，選擇「雞肉／鴨肉」模式，再按「烹調」鍵。

5. 待自動排氣後，安全浮子閥降下就完成。

延伸菜單——
滷控肉

這種烹調方式，除了滷肉燥外，也可以滷控肉。將汆燙好的五花肉塊 300 克，放入與「滷肉燥」相同的滷汁裡，再加入薑片及蔥段，選同樣的「密封」與「肉類／排骨」模式即可。

海南是一個看似平凡的小島，但卻憑藉簡單家常的海南雞飯聞名於世。
我特別喜歡將厚實有彈性的無骨雞腿放在米上一起蒸煮，
吸進香茅高湯的雞肉粉嫩又多汁，而米飯則吸足了雞油的潤澤，
粒粒都散發誘人的金黃色。沾著薑蔥醬來吃，連素來不愛吃飯的孩子們，
也會忍不住多吃幾口！

| 南風帶來的島嶼獨特料理 |　難易度 ★★★☆☆

海南雞飯

預計烹調時間 30'00

 材料 （3～4 人份）

食材		醃料	
白米	2 杯（量米杯）	鹽	1 茶匙
無骨雞腿	2 隻	白胡椒粉	1/4 茶匙
海南雞飯醬包	1 包		
水	2 杯（量米杯）		

做法

1. 雞腿用醃料先醃 15 分鐘。

2. 白米洗淨後瀝乾置於內鍋中，再倒進海南雞飯
   醬包拌勻，接著加水拌勻。將雞腿鋪在米上。

3. 萬用鍋的上蓋限壓閥轉至「密封」，按「米飯」
   鍵 及「開始烹調」鍵。

4. 等烹調完成提示聲響起後，再燜 15 分鐘後開
   蓋取出雞腿，將米飯稍微翻攪。

5. 雞腿放涼切塊，沾薑蔥醬或泰式辣醬最對味。

TIPS
薑蔥醬做法：薑蔥末及鹽巴混合，再淋上滾燙的油即可。

廣東人愛吃粥，粥店菜單上隨時都有幾十款口味可供選擇。
而白粥底正是粥的靈魂所在！米粒完全化開，吃起來綿密且入口滑順，
這樣才稱得上好的粥底。但這一般要花上一小時以上，不停顧火，
累積多年經驗才能煮好，一不留神就會黏鍋底起焦味。只要運用萬用鍋的密封壓力，
讓米粒在短時間化開，粥也能非常綿滑。最後放入魚片及皮蛋，
海鮮的鮮甜及皮蛋的風味溶入粥裡，在家也能輕鬆複製迷人的廣東粥。

| 入口滑順的粥品不敗款 |　　難易度 ★★★☆☆

皮蛋魚片廣東粥

預計烹調時間 35'00

 材料 （3～4 人份）

食材		調味料		醃料	
白米	1 杯（量米杯）	鹽	1/2 茶匙	鹽	1/4 茶匙
鯛魚	100 克	油	1/2 湯匙	薑（絲）	1 茶匙
皮蛋	3 顆			胡椒粉	少許
水	9 杯（量米杯）			油	1/2 湯匙
薑（絲）	少許				
蔥花或香菜末	少許				

 做法

1. 白米洗淨瀝乾，以調味料的鹽及油拌勻後，醃 20 分鐘。

2. 白米放入萬用鍋內鍋後加水。上蓋限壓閥轉至「密封」，按「功能選擇」鍵，選擇「煮粥」模式，再按「開始烹調」鍵。

3. 鯛魚用鹽醃 10 分鐘後沖掉鹽巴，用廚房紙巾吸乾水，切成 0.3 公分薄片後，和薑絲、胡椒粉及油拌勻。

4. 將皮蛋切片。

5. 粥底煮好後打開鍋蓋，放進魚片及皮蛋，改「無水烹調」的「香酥蝦」模式，攪拌幾分鐘至魚片全熟便煮好，即可按「保溫／取消」鍵。吃的時候在碗裡灑上薑絲及蔥花。

TIPS

如想要非常綿軟的港式白粥，可重複一次「煮粥」模式，米粒便會完全化掉。

不管是彌月禮盒裡，還是婚宴辦桌上，總會見到油飯的蹤影，
好一位喜事臨門時象徵「好兆頭」的使者。油飯有兩派作法，
一種是糯米飯單獨煮好再拌入炒好的食材及醬汁。
我則喜歡另一種使用萬用鍋一鍋到底的做法，糯米不用浸泡，
先以麻油爆香肉絲、香菇與蝦米，再加入糯米一起蒸熟，飯粒吸滿麻油香、
油蔥香及肉香，這就是台灣味！

| 不敗的台灣喜慶好味道 |　　難易度 ★★★☆☆

台式油飯

預計烹調時間 40'00 分 秒

 材料 （3～4 人份）

食材		調味料	
長糯米	2 杯（量米杯）	醬油	2 湯匙
豬肉絲	100 克	米酒	1 又 1/2 湯匙
乾香菇	4 朵	胡椒粉	1/2 茶匙
蝦米	2 湯匙	水	1 又 1/3 杯（量米杯）
油蔥酥	1 湯匙		
薑	3 片		
黑麻油	2 湯匙		

做法

1. 乾香菇泡軟切成薄片，蝦米泡軟 。長糯米洗淨後瀝乾。

2. 按下萬用鍋的「無水烹調」鍵，選擇「烤蝦」及「開始烹調」鍵，內鍋加入 1 茶匙油爆香乾蝦米去腥，取出備用。

3. 下麻油將薑片焗至微捲後，加入肉絲、香菇、蝦米、油蔥酥、胡椒粉及糯米拌炒至肉絲轉熟，加水拌勻。

4. 蓋上鍋蓋後，將萬用鍋的上蓋限壓閥轉至「密封」，按「功能選擇」鍵，選擇「米飯」模式，再按「開始烹調」。完成提醒聲響起時打開鍋蓋。

5. 將油飯攪拌一下散掉水氣後，蓋上鍋蓋再燜 10 分鐘即可。另可加點甜辣醬拌著吃，也別有一番滋味。

TIPS

糯米不需浸泡，直接煮。注意洗米後的水要先瀝乾，否則飯粒會過軟。另外，這裡糯米跟水分（含醬油及米酒）的比例約 1：0.85，做出來的糯米飯才會微 Q。

延伸菜單——

燒肉粽

將台式油飯食譜中的豬肉絲換成三層肉，在步驟 3 將糯米炒至半熟後，包進洗乾淨的粽葉內，再用粽繩綑緊。把粽子放進內鍋加水蓋過，選「密封」與「米飯」模式即可。

好吃的炒米粉要入味，口感要柔軟中富有韌性。
但其實名店的米粉都是與高湯一起「燜」才能保持彈性，
並不是大火炒出來的，炒的重任單純針對爆香的材料。
雖然配料可隨心所欲、千變萬化，但富有香氣的材料如蝦米、乾香菇或者豬肉絕對不能少。
還要耐心地把配料盡量切細，口感上才能與米粉搭配。

| 古早味中品嘗滿滿的心意 | 難易度 ★★★☆☆

肉絲炒米粉

預計烹調時間

 材料 （3～4 人份）

食材

米粉	200 克	小白菜	1 株
豬肉絲	150 克	紅蔥頭	3 瓣
乾香菇	4 朵	油蔥酥	1 湯匙
蝦米	1 又 1/2 湯匙	油	2 茶匙
洋蔥	1/4 顆	香油	少許
紅蘿蔔	25 克		

調味料

高湯	（含泡蝦米及乾香菇水）350ml
醬油	1 又 3/4 湯匙
烏醋	1 湯匙

醃料

醬油膏	1/2 湯匙
水	1 湯匙
胡椒粉	少許

做法

1. 豬肉絲先用醃料醃漬約 15 分鐘，乾香菇泡水至軟後切絲，蝦米泡軟。
2. 米粉可依包裝說明，泡水至軟，大約 10 分鐘。
3. 紅蘿蔔去皮後切絲，洋蔥切絲，小白菜洗淨後切段，紅蔥頭切末。
4. 用萬用鍋並按下「無水烹調」鍵，選擇「烤排骨」及「烹調」，在內鍋加入油爆香香菇絲、蝦米及紅蔥末。
5. 加入豬肉絲，翻炒至肉轉白色，繼續加入洋蔥絲、紅蘿蔔絲及油蔥酥一起拌炒。
6. 倒進調味料及米粉。
7. 蓋上鍋蓋燜煮 2 分鐘，接著開鍋蓋放入小白菜拌炒至湯汁收乾。
8. 上桌前加點香油增添香氣 。

TIPS

如果怕香菇水味道太重，可把香菇水用高湯代替。

肉餅是絕佳的便當菜，既耐煮又下飯。
便當加熱後菜汁與飯糾纏不清的味道常讓人厭惡，
但瓜仔肉餅滲出的油香與鹹中帶甜的湯汁融合，
融入白飯卻是完美的配搭。
彈牙的肉餅夾雜滑中帶脆的醃瓜，就算不配飯也可直接吃掉半盤。
萬用鍋的雙層料理法，讓白飯與肉餅一鍋同步煮好！

| 甜鹹下飯的絕佳便當菜 |　難易度 ★★☆☆☆

瓜仔肉餅蒸飯

預計烹調時間

 材料（4〜5人份）

豬絞肉	300 克	太白粉水	1 湯匙
脆瓜（不含汁）	120 克	水	1 湯匙
脆瓜醬汁	2 湯匙	香油	1/2 茶匙
蒜（末）	1 湯匙	蔥花或香菜	1 株
醬油	1/4 茶匙	白米	2 杯（量米杯）
糖	1 茶匙	水	300ml(1 又 4/5 量米杯)

做法

1. 豬絞肉混合蒜末、醬油、糖、脆瓜醬汁及水醃 15 分鐘。脆瓜切小丁。

2. 脆瓜與豬肉混合放入深碗，加入 1 茶匙太白粉與 2 茶匙水混合的太白粉水及香油，用筷子以同一方向攪拌豬肉至起黏性，黏成一團不會沾碗後放入深盤。

3. 白米洗淨瀝乾，加水放入內鍋。放入蒸架，將深盤置蒸架上。

4. 將萬用鍋的上蓋限壓閥轉至「密封」後，按「功能選擇」，選「米飯」，再按「烹調」鍵。

5. 烹調完成提示聲響起後，待自動洩壓、安全浮子閥降下後即可開蓋。上桌前，在肉餅灑上蔥花就完成。

TIPS

豬絞肉建議肥瘦比例 2：8 會更香。另外，加好調味料後才能加太白粉水和香油，不然會阻礙入味。

西方近年掀起一股穀物飲食風潮，其中備受推崇的「紅藜」便是穀物中的藜麥一種，
原本就是台灣原住民幾百年來的營養主食。本土的淡紅色紅藜，在超市就能買得到，
自行與白米混合就成了營養五穀飯。萬用鍋一鍋到底煮好的燉飯，
小小Q彈的紅藜顆粒讓米飯口感變得更豐富有層次；
浪漫的粉紅米飯搭配當季青綠的蔬菜，色、香、味、健康都有了！

| 百年智慧的浪漫粉紅燉飯！|　難易度 ★ ★ ★ ☆ ☆

培根蘑菇藜麥燉飯

預計烹調時間 40'00 分鐘

 材料（4～5 人份）

白米	1 又 2/3 杯（量米杯）	蘑菇（片）	250 克
紅藜麥	1/3 杯（量米杯）	細蘆筍	4 根
雞高湯	240ml	蒜（末）	1 瓣
白酒	30ml	奶油	2 湯匙
培根（段）	3 片	莫札瑞拉乳酪片	3 片
洋蔥（丁）	1/8 顆		

 做法

1. 紅藜麥與白米洗淨瀝乾，蘆筍削去粗梗後洗淨切段。

2. 用萬用鍋按下「無水烹調」鍵，選「烤雞」模式再按「烹調」鍵，接著放入培根煎至微焦後取出。

3. 加入奶油爆香蒜末，再加入洋蔥及蘑菇，炒至蘑菇表面微焦。接著倒進紅藜麥及白米拌炒均勻，淋上白酒，待酒精揮發後加入高湯拌勻。

4. 上蓋限壓閥轉至「密封」，按「米飯」鍵及「烹調」鍵。

5. 烹調完成提示聲響起，開蓋放入培根及乳酪片拌一下，將蘆筍鋪於飯上，關蓋燜 10 分鐘便完成。

TIPS

紅藜麥：白米：水的比例是 1：4：4。
水分的量＝雞高湯＋白酒的量。

| 傳統又美味的肉類三重奏 |

波隆那肉醬義大利麵

難易度 ★★★☆☆　　預計烹調時間 50'00

波隆那肉醬義大利麵

肉醬義大利麵常被當成廉價餐點，但這道傳統的義大利波隆那肉醬麵，
卻仍是能夠次次感動人心的美味料理。牛絞肉＋豬絞肉＋培根，
三種肉的口感豐富味道有層次；而加上鮮奶，會讓口感更滑順，
再搭配多種蔬菜的甜味自然，讓人意想不到的一口接著一口！

材料 （2 ～ 4 人份）

食材		調味料	
牛絞肉	150 克	鹽	1 茶匙
豬絞肉	150 克	黑胡椒	少許
培根	2 片	乾奧勒岡 (Oregano)	1/4 茶匙
洋蔥（去皮）	1/2 顆	白酒	50ml
紅蘿蔔（去皮）	1/2 條	鮮奶	90ml
洋芹（去皮）	1 根	番茄糊	425 克
橄欖油	1 茶匙	雞高湯	50ml
奶油	1 湯匙		
乾乳酪粉（可省略）	適量		
義大利麵條	80 克(1 人份)		
鹽	1/4 茶匙		

做法

1. 在烹調義大利麵前先做肉醬。將洋蔥、紅蘿蔔、洋芹、培根切小丁。按「無水烹調」鍵，選擇「烤雞」模式後，再按「烹調」，加入橄欖油及奶油。

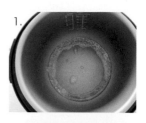

2. 待奶油溶化後，把洋蔥、紅蘿蔔及洋芹丁加入拌炒約 8 分鐘至變軟。

3. 加入牛絞肉、豬絞肉、培根、奧勒岡末、鹽及黑胡椒拌炒 5 分鐘，讓絞肉炒至轉白色。

4. 倒進白酒，讓酒精揮發及被食材吸收

5. 等待約 3 分鐘後，再加鮮奶、番茄糊及高湯。

6. 上蓋限壓閥轉至「密封」。

7. 按「功能選擇」鍵，選擇「煲湯」模式及「烹調」鍵。

8. 烹調完成提示聲響起，待自動排氣、安全浮子閥降下後，即可開蓋倒出肉醬。

TIPS

1. 蔬菜切多細視個人喜歡的口感而定，如想讓蔬菜全部溶在醬裡，就要切得小於 0.3 公分。
2. 傳統的波隆那肉醬以白酒或紅酒燉煮都可以，但一定要是干型（Dry）不帶甜的酒類才行。這食譜用白酒燉的話，口味會比紅酒清爽。
3. 材料中的番茄糊是指已攪成番茄泥的罐頭，並非帶甜味的番茄醬。

6.

7.

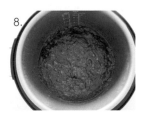

8.

延伸菜單——

青醬鮮蝦義大利麵

依照步驟１１將義大利麵煮好取出，留少許煮麵水備用。選「無水烹調」的「焗烤時蔬」模式，下橄欖油爆香洋蔥末，並將蝦子煎至７分熟，接著再下青醬，以少許煮麵水調稀，義大利麵回鍋拌勻均勻即可。

9

10.

11.

12.

9. 肉醬完工後，接著煮義大利麵：內鍋洗淨後加水及
   1/4 茶匙鹽巴，散開放入義大利麵。

10. 上蓋限壓閥轉至「密封」，按「功能選擇」鍵，選
    擇「煮粥」模式後將「保壓時間」調至 9 分鐘，再
    按「烹調」鍵。

11. 完成提示聲響起，按「保溫／取消」鍵後拔掉插頭，
    限壓閥轉至手動「排氣」，待安全浮子閥降下後，
    即可開蓋。

12. 義大利麵煮好後將水倒掉後即可裝盤，拌進肉醬就
    完成。如果想讓麵條更入味，可以選「無水烹調」
    的「焗烤時蔬」模式，在鍋內加進煮好的義大利麵
    及肉醬拌煮 1～2 分鐘即完成。上桌時，灑上乾乳
    酪粉味道更香濃。

台灣小嬰兒打從出生便從媽媽身上聞到麻油雞的芳香，
難怪這股香氣總能撫慰人心。
麻油雞的美味在於麻油、米酒及雞肉的好壞，
將老薑片以麻油爆香煸乾的工夫更是不可少。
煮麻油雞湯需要購買土雞塊，
做麻油雞飯用去骨的雞腿肉吃起來更方便。
不管喝湯還是吃飯，上班前按預約時間，
萬用鍋一鍋煮到底，下班回到家就有一頓溫暖的晚餐等著你。

麻油雞飯

難易度 ★★★☆☆

預計烹調時間 `40'00`

 材料（3〜4 人份）

食材

白米	2 杯（量米杯）	米酒	1 又 2/3 杯（量米杯）
無骨雞腿	2 隻	黑麻油	1 湯匙
鮮菇	4 朵	鹽	3/4 茶匙
老薑	12 片		

 做法

1. 先將雞腿切塊，白米洗淨後瀝乾。薑與鮮菇洗淨後切薄片。

2. 將萬用鍋按下「無水烹調」鍵，選「焗烤時蔬」再按「開始烹調」。接著下麻油將薑片煸炒至微捲後，再放入鮮菇拌炒。

3. 撥出空間，將雞肉以雞皮朝下放入鍋中，待肉轉白時下米酒，等酒精揮發後再倒進白米及 1/4 茶匙鹽攪拌均勻。

4. 把萬用鍋的上蓋限壓閥轉至「密封」，按「米飯」鍵及「開始烹調」鍵。

5. 烹調完成提示聲響起，再燜 15 分鐘後開蓋，試味道後加入 1/2 茶匙鹽調味，將米飯拌一下，散去水氣後便可盛碗。

TIPS

1. 若怕米酒燥熱，可用水代替一半的米酒量。
2. 薑片盡量切薄，可縮短煸炒的時間，薑的香氣會更快釋放。

延伸菜單——

麻油雞湯

提到麻油雞飯，當然就不能放過麻油雞湯。煮湯適宜用帶骨的土雞。將半隻的土雞剁塊，以及 1 大塊的老薑切片。以 1 又 1/2 湯匙麻油煸炒完薑片後（不需鮮菇），雞皮朝下放入，待雞肉塊煎至表面微金黃及肉轉白後再倒入整瓶米酒，加水至蓋住雞肉塊。使用「密封」與「煲湯」模式，煮好後再以鹽巴調味即完成。

每當派對來到中段，氣氛稍微降下來的時候，我總喜歡從廚房捧出一大鍋西班牙海鮮飯。
當朋友們見到上頭堆滿了金黃活力的海鮮時，就會雙眼發亮似的，爭著到餐桌前舀來吃。
這個燉飯做法多變，我每次都做得有點不同，只要使用當令的海鮮，
深海鮮味會慢慢轉移到米粒裡。唯獨調味料不能妥協，尤其是紅椒粉，
沒有它的話，料理就走樣了！

| 拯救派對氣氛的熱情美味 |　　難易度 ★★★★☆

西班牙海鮮飯

預計烹調時間 45'00 分 秒

 材料 （4～5 人份）

食材

白米	2 杯（量米杯）	紅甜椒（段）	1 顆
德國香腸	180 克	橄欖（片）	5 顆
白蝦（中型）	300 克	蒜頭（末）	3 瓣
透抽或小章魚	200 克	白酒	100ml
蛤蜊	500 克	橄欖油	2 湯匙
洋蔥（丁）	1 顆		

調味料

薑黃粉	1/2 茶匙
匈牙利紅椒粉	1 茶匙
鹽	1/2 茶匙
雞高湯	210ml
黑胡椒	適量

做法

1. 德國香腸切 1 公分段，白米洗淨後瀝乾，蛤蜊泡鹽水吐砂，蝦子剪去尖刺及鬚腳，透抽去內臟後切段。

2. 在萬用鍋按下「無水烹調」鍵，選「焗烤時蔬」後按「開始烹調」。下油煎德國香腸及紅甜椒至微焦後取出。炒洋蔥及蒜末至半透明後加入酒，用木頭鏟子刮一下鍋底的沾黏物至溶解後，開蓋煮 3 分鐘讓酒精揮發。

3. 倒進白米、薑黃粉、紅椒粉及 1/4 茶匙鹽拌 1 分鐘後再倒進高湯。

4. 將萬用鍋的上蓋限壓閥轉至「密封」，按「米飯」鍵 及「開始烹調」鍵。烹調完成提示聲響起時立刻開蓋，黃澄澄的米飯完成。

4.

5. 接著加入蝦子、透抽及蛤蜊與飯拌炒。按「無水烹調」鍵，選「香酥蝦」後按「開始烹調」，再關蓋燜 6 分鐘至蛤蜊全打開及蝦子熟。中途要開蓋把飯翻一下避免底部燒焦。

5.

6. 德國香腸及紅甜椒回鍋，加入橄欖片拌勻。試吃味道，再依情況酌量加鹽及黑胡椒調味後就可上桌。

> **TIPS**
> 1. 海鮮過熟不好吃，盡量不要一次就將海鮮與白米同時煮熟。先煮好米飯再加入海鮮烹調，肉質熟度剛好，米飯也能吸收到海鮮的甜味。
> 2. 若不喜歡吃海鮮的話，可換成雞肉或其他蔬菜。

秋風起，臘味香。傳統港式臘味糯米飯多用「生炒」的手法，
將生米反覆炒焗變為熟飯，炒一鍋飯起碼花上半小時，非常費勁也很油膩。
萬用鍋單純用蒸的臘味糯米飯；無須先浸泡糯米，比傳統炒的方法簡易快速又減油。
飯粒色澤油潤、粒粒分明；入口乾爽、口感軟糯。天冷的時候吃上一大口，美味又暖胃。

| 年節的好滋味 |

港式臘味糯米飯

難易度 ★★★★☆

預計烹調時間 40'00 分 秒

 材料（4～5人份）

長糯米	2 杯（量米杯）	蝦米	1 又 1/2 湯匙
港式臘腸	2 條	蔥花	1/2 湯匙
港式肝腸	1 條	高湯（含泡蝦米及乾香菇水）	1 又 3/4 杯（量米杯）
乾香菇	4 朵	李錦記甘甜醬油露	適量

 做法

1. 乾香菇加 1/8 茶匙糖泡水至軟後切小丁。蝦米泡軟後切成小丁，泡香菇水及泡蝦米的水則留下備用。

2. 長糯米洗淨瀝乾。臘腸、肝腸過熱水去除表面油份後切小丁。

3. 按「無水烹調」鍵，選擇「烤雞」，再按「開始烹調」。內鍋加入 1 湯匙油後爆香臘腸、肝腸，香菇、及蝦米，完成後取出備用。

4. 倒進瀝乾的長糯米及高湯。上蓋限壓閥轉至「密封」，按「米飯」及「開始烹調」鍵。

5. 完成提醒聲響起時打開鍋蓋。

6. 加入臘腸、肝腸，香菇、蝦米與糯米飯拌勻，再蓋上鍋蓋，利用飯裡餘溫燜 10 分鐘。

7. 打開鍋蓋，拌入甘甜醬油露，再灑上蔥花就完成了！

8. 糯米飯盛盤後，可用任何無水烹調鍵加熱，將雞蛋打發，倒進洗淨的鍋裡煎成蛋皮，切絲後灑在糯米飯上。

TIPS

1. 糯米不用浸泡，直接煮。另外建議挑選純瘦的臘腸可減低油量。
2. 可用糖：醬油以 1：3 的比例自行混合代替甘甜醬油露。

延伸菜單——

台式米糕

將步驟 4 裡的港式臘味改為五花肉絲，加油蔥酥爆香，不用取出。倒適量醬油拌炒後，與洗淨瀝乾的糯米拌勻，加高湯。上蓋限壓閥轉至「密封」，按「米飯」及「開始烹調」鍵。完成提醒聲響起時後，再燜 10 分鐘便完成。

強身補氣湯品

PART
5

| 冬夏皆宜的國民大補湯 |

韓國蔘雞湯

難易度 ★★★★☆ 　預計烹調時間 　40'00

韓國蔘雞湯

韓國蔘雞湯的迷人之處在清甜滑順的湯頭，雞肉、人蔘、堅果與糯米交織的風味獨特，
完全沒有中藥的苦澀，連小孩都會愛上！韓國人一般都是在夏季三伏天才喝蔘雞湯，
主張冬病夏補；但華人則是冬天當藥補在吃，所以蔘雞湯真是冬夏皆宜啊！

 材料（2～4 人份）

食材

全雞（1.2 公斤）	1 隻	松子	1 湯匙
糯米	1/4 杯	薑片	2 片
人蔘	1 根	蒜頭（去皮）	5 瓣
紅棗（去籽）	5 顆	青蔥（切末）	1 株
栗子（去殼）	5 顆		

做法

1. 土雞去除頭、尾、腳與內臟，將尾巴肥油切掉後
   全部沖洗乾淨。

2. 糯米洗淨瀝乾。將人蔘洗淨切成 2 節。紅棗、糯
   米、栗子、松子、薑片混合在碗裡後塞進雞腹腔
   內。人蔘只塞一節，剩下一節備用。

3. 竹籤穿過尾部開口兩邊的皮，避免材料跑出來。

2.

4. 把雞放進內鍋，人蔘的另一節及其他塞不進去雞裡的材料也加入，接著加水至剛好蓋過土雞的高度。

5. 上蓋限壓閥轉至「密封」，按「功能選擇」鍵，選擇「煲湯」模式及「開始烹調」鍵。烹調完成提示聲響起後即可開蓋。

6. 切開已熟軟的雞肉分解，再把腹部內的材料輕輕刮出來與雞湯混合就完成。上桌前加鹽及胡椒粉調味，灑上已切碎的蔥花。

TIPS

1. 雞選小一點的，約 1.4 公斤以下，可剛好放進內鍋。
2. 人蔘可選用韓國水蔘，一般的蔘鬚也可。
3. 糯米不用浸泡，可直接煮。

延伸菜單——

剝皮辣椒雞湯

同樣利用土雞食材，還可以製作出好喝的剝皮辣椒雞湯。先將土雞半隻剁成塊，汆燙後置於萬用鍋的內鍋，加入 4 瓣蒜頭、整瓶剝皮辣椒醬汁及米酒 1 湯匙後，再加水蓋過雞塊，選「密封」與「煮粥」模式。完成待自動排氣後開蓋，加入 10 根剝皮辣椒，關上鍋蓋，再重複「煮粥」模式，煮好加鹽巴調味即可上桌。

| 蔬菜與牛肉的和諧美味二重奏 |

疊煮鄉村牛肉湯

難易度 ★★★☆☆　　預計烹調時間 **40:00** 分 秒

疊煮鄉村牛肉湯

小時候看老人家煲湯，總以為把材料一口氣倒進鍋內就是了。
長大後才知道當中暗藏很多學問呢！最近嘗試用「疊煮」的方法煲湯，
按照蔬菜的特性，層層疊疊放到鍋中烹煮。不但能鎖住蔬菜的水分及營養，
湯頭清甜，每一口都是食材的天然滋味。而牛肉湯的蛋白質含量高，
晚餐喝一大碗就有飽足感，對維持身材窈窕很有幫助。

材料 （4～5 人份）

食材

牛腱（切小塊）	450 克	鮮菇（切段）2 朵	
高麗菜（切小片）	1/6 顆	水	500ml
白蘿蔔（切 1 公分片）	1/3 根	鹽	1 茶匙
紅蘿蔔（切 1 公分片）	1/3 根		
番茄（切塊）1 顆	1 顆		
洋蔥（切大塊）	1/2 顆		

做法

1. 全部材料洗淨瀝乾後，切成塊狀大小；若給孩子吃建議可以切小塊點。

2. 將 1/2 茶匙的鹽平均灑在萬用鍋的鍋底，並先將鮮菇平鋪在鍋底。

3. 再鋪上番茄，記得要平均擺放。

2.

3.

4. 然後才是高麗菜、洋蔥、紅蘿蔔、白蘿蔔。

5. 最後則放入牛腱及 1/2 茶匙鹽巴，再加入水。

6. 上蓋限壓閥轉至「密封」，按「功能選擇」鍵，選擇「煲湯」模式及「烹調」鍵。

7. 烹調完成提示聲響起，待自動排氣、安全浮子閥降下後即可開蓋。

8. 選一個漂亮的湯碗，將所有的蔬菜、煮得滾爛的牛肉及湯勺至碗裡，令人食指大動。

TIPS

1. 牛肉可改成豬肉或雞肉。蔬菜不要切太細，否則燉煮後會全部化掉沒有咀嚼的口感。

2. 將疊煮後的食材用電動攪拌器打碎成泥，就是最好吃又營養的嬰兒副食品。

水果湯的香氣，總是帶給人清新、歡樂、有活力的感受。
而這道湯有太多好處了——健脾潤肺、美白皮膚、益腎滋陰⋯⋯等等，
煮一鍋給家人喝，療癒身心，比花錢互送禮物來得實際和窩心。
燉湯用的蘋果種類、脆軟度都不限，每種都能為湯水增添爽口的甜度。
而它也能在加熱後，提供大量的抗氧化物質呢！

| 甜進心裡的清新療癒滋味 |　　　難易度 ★★★☆☆

蘋果山藥排骨湯

預計烹調時間 40'00 分鐘

 材料（3～4 人份）

食材

排骨	300 克	薑片	2 片
蘋果（小型）	2 顆	鹽	1/2 茶匙
山藥	200 克		

做法

1. 使用萬用鍋的「無水烹調」鍵，選擇「焗烤時蔬」模式後，按下「烹調」。再置入排骨，加入水蓋過排骨後，加蓋氽燙 8 分鐘去除血水，完成後取出備用。如直接加熱水氽燙，5 分鐘便可。

2. 蘋果去芯，並連皮切成塊，山藥則削皮後切塊備用。

3. 將排骨、薑片放進萬用鍋內鍋，注水至蓋滿材料。

4. 將萬用鍋的上蓋限壓閥轉至「密封」，按下「功能選擇」鍵，選擇「煮粥」模式後，按「開始烹調」鍵。

5. 完成後待自動洩壓、安全浮子閥降下後，開蓋加入蘋果及山藥，再重複一次「煮粥」模式。

6. 上桌前加鹽試味後即可。只取出湯水、山藥及排骨食用，已熟爛的蘋果留在鍋內，會愈煮愈甜。

TIPS

1. 分兩次「煮粥」模式可讓排骨肉熟軟，而蘋果及山藥不至於過爛。若想要較簡易的做法，可以全部材料下鍋加水，選「密封」的「煲湯」模式一次煮好。

2. 小朋友喝的話，用 2 個小蘋果甜度很剛好，大人口味的話則可以只加一個蘋果。另外，排骨也可用豬瘦肉代替。

延伸菜單——

清燉蘿蔔排骨湯

清燉蘿蔔排骨湯一直是家裡最常見的好喝湯品，有時來不及吃飯，但只要喝一碗蘿蔔排骨湯，馬上補充失去的精力。白蘿蔔去皮切塊，排骨氽燙後與蘿蔔及薑片同置內鍋，注水至排骨高度 8 分滿。選「密封」與「煲湯」模式，煮好後加入鹽、胡椒粉及少許冰糖調味。

罐頭濃湯是很多人的童年回憶，像火腿玉米濃湯和蛤蜊巧達濃湯，
都是在超市常被一掃而空的口味。我試著將這兩款人氣口味合為一體，
並以鮮乳取代鮮奶油，降低熱量。用萬用鍋熬煮，能跳過炒奶油麵粉糊的步驟，非常省事。
鮮甜的蛤蜊湯汁與馬鈴薯很合，再加上小朋友最愛的玉米粒，就是一道大人小孩都愛喝的濃湯。

| 大人小孩都難以抗拒的超人氣美味 |　難易度 ★★★☆☆

玉米巧達蛤蜊濃湯

預計烹調時間　35'00 分秒

 材料（4～6人份）

食材

蛤蜊	1 又 1/2 碗	白酒	1 湯匙
馬鈴薯（切丁）	180 克	高湯	500ml
紅蘿蔔（切丁）	1/4 根	鮮奶	300ml
洋蔥（切末）	1/2 顆	麵粉	1 又 1/2 湯匙
玉米粒	160 克	鹽	適量
培根（切丁）	2 片	黑胡椒	少許

做法

1. 玉米罐頭瀝乾水。蛤蜊泡鹽水吐砂備用。麵粉與鮮奶打均勻至完全溶解。

2. 使用萬用鍋，按下「無水烹調」鍵，選擇「烤雞」模式後按「烹調」，不加油直接煎培根丁至轉焦脆，將 1/2 份量取出放廚房紙巾上吸油，留 1/2 在鍋內。

3. 加洋蔥炒至半透明後，倒進玉米、馬鈴薯及紅蘿蔔，一起翻炒至全部裹上油後，倒入白酒讓酒精揮發。

4. 加入高湯，將萬用鍋的上蓋限壓閥轉至「密封」，按「功能選擇」鍵，選擇「煲湯」模式，再按下「烹調」鍵。

5. 煮好後按「保溫／取消」，待自動排氣後，安全浮子閥降下後，便可打開鍋蓋，將麵粉鮮奶液倒進鍋裡輕輕攪拌均勻，讓湯變濃稠。

6. 按下「無水烹調」鍵，選擇「香酥蝦」模式，再按「烹調」鍵，加入蛤蜊後蓋鍋蓋，煮至蛤蜊殼張開。

7. 試吃味道，酌量加入鹽巴及黑胡椒調味，再灑上培根碎即可。

TIPS

若將湯汁煮得更濃稠，就是用來拌義大利麵的海鮮白醬汁。

南瓜湯不難做，本身帶甜味的特性就夠討喜。很久以前在餐廳喝過很好喝、很有層次的南瓜湯，後來找到祕訣再煮的時候，女兒聞到味道就說跟平常不一樣，父女倆整鍋喝光光，這證明真的找到方法了！ 被譽為「超級食物」的南瓜，融合溫熱的薑蓉跟咖哩，天氣微涼的時候喝上一口，身體也跟著暖和起來。

| 濃醇香的補血良品 |　難易度 ★★★☆☆

南瓜濃湯

預計烹調時間

 材料（3～4 人份）

食材

南瓜	700 克	薑（蓉）	1/2 茶匙	鮮奶	100ml
洋蔥（末）	1/2 顆	高湯	450ml	鹽	少許
培根（切丁）1 片		奶油	1 湯匙	黑胡椒	少許
蒜（末）	2 瓣	咖哩粉	1 茶匙		

做法

1. 南瓜表皮洗淨，去籽連皮切塊。把生薑磨成薑蓉。

2. 按下萬用鍋的「無水烹調」鍵，選擇「烤魚」後，按「開始烹調」，煎烤培根至脆後取出。

3. 再加入奶油，等奶油融化後將洋蔥及蒜末炒至透明。

4. 加入南瓜、薑蓉、咖哩粉與高湯拌勻。

5. 加入高湯後，將萬用鍋的上蓋限壓閥轉至「密封」，按「功能選擇」鍵，選擇「煮粥」模式後，再按「開始烹調」鍵。

5.

6. 烹調完成提示聲響起，打開鍋蓋。

7. 用手持電動攪拌器將湯內南瓜打成泥。

8. 按「無水烹調」鍵，選擇「香酥蝦」後，按「開始烹調」，再倒入鮮奶拌勻，並加入鹽巴及黑胡椒調味便完成。如果想要盛碗後好看，可以在湯上灑點培根碎。

TIPS

挑選南瓜訣竅：選表面無損傷且分量相對重的南瓜，皮越粗糙及厚，瓜肉就越甜。南瓜要連皮吃最好，因為南瓜皮含有豐富的胡蘿蔔素和維生素，還含有鋅等礦物質，能夠補血並促進生長發育，高纖也能幫助排便順暢。

第一次用萬用鍋煮完紅豆蓮子湯時，掀開鍋蓋那一刻，
忍不住讚嘆道：「太神了！」紅豆完全不用浸泡，
丟進鍋子直接煮，免顧火，紅豆就煮成我最愛的軟爛度。
不論是加牛奶當早餐、飯後甜點、打成紅豆沙，
或減肥時當正餐吃都適合，排水消腫又營養！

| 排水消腫聖品輕鬆上手 |　　難易度 ★★☆☆☆

紅豆蓮子湯

預計烹調時間 50'00

 材料 （5～6 人份）

食材

紅豆	1 杯（量米杯）	水	9 杯（量米杯）
蓮子	1/2 杯（量米杯）	紅糖	70 克

 做法

1. 紅豆與蓮子洗淨瀝乾後，放入萬用鍋的內鍋，並加入水到內鍋刻度「5」的高度。

2. 將萬用鍋的上蓋限壓閥轉至「密封」，按「功能選擇」鍵，選擇「豆類／蹄筋」模式及「開始烹調」鍵。

3. 烹調完成提示聲響起，待自動排氣、安全浮子閥降下後即可開蓋。

4. 加入紅糖拌至溶化即可。煮好的紅豆蓮子湯可趁熱吃，或放冰箱冷藏後吃，風味各有不同。

TIPS

1. 紅豆不用浸泡，直接煮。可依個人喜歡紅豆的口感，縮短或延長保壓時間。
2. 烹煮豆類或粥類等比較濃稠的料理時，請等待機器自動排氣。若自行排氣可能會因熱氣噴出而燙傷。

延伸菜單──

綠豆薏仁湯

提到紅豆，就不得不提到綠豆，這個消暑聖品。綠豆薏仁湯是夏天常見的甜式湯品，製作方式跟紅豆蓮子湯類似。首先將綠豆、薏仁洗淨瀝乾後，一樣放入萬用鍋內鍋，水加至刻度「5」，選擇「密封」的「煮粥」模式，煮好待自動排氣後，拌入適量冰糖即可。

宮廷劇裡每到入秋時總會有一道燉梨子的湯品，為劇中的男女主角滋補身體，令人好生羨慕。
長大後才發現，這道料理不用有御廚的身手，也可以輕易做到。於是每當秋冬將至，
當季水梨大產時，便是時候為家人做這道滋潤甜點了。清甜的冰糖與爽嫩的梨肉和成一氣，
是高級的美味，尤其是熱熱吃進口中時那種暖暖的幸福感，更從口溫到心、肺、胃。

| 秋冬限定的宮廷御廚祕傳料理 |

難易度 ★★☆☆☆

冰糖燉水梨

預計烹調時間 30'00 分 秒

 材料 （1～2 人份）

水梨	1 顆
冰糖	1 湯匙
枸杞	4 顆
水	1/2 湯匙

 做法

1. 水梨削皮，切除一公分高的頂部。然後刮除梨核，但不要挖穿底部。也可去皮去核再切塊，效果相同。

2. 水梨泡淡鹽水 30 秒以防止氧化變色。瀝乾水後置入深碗，梨子中空處放入冰糖、枸杞及水。

3. 在萬用鍋的內鍋倒入 2 杯水，再放入蒸架，將有水梨的深碗置入。

4. 把萬用鍋的上蓋限壓閥轉至「密封」，按下「功能選擇」鍵，再選擇「蒸煮」及「烹調」鍵。

5. 烹調完成聲響起，按「保溫／取消」鍵，待自動排氣、安全浮子閥降下後，開蓋取出深碗就可上桌，趁熱吃或冷藏後吃都一樣美味。

TIPS

可用邊緣較鋒利的鐵湯匙較容易刮除水梨的梨核。
同時，水梨泡淡鹽水不要過久，以避免果肉變鹹。

輕鬆午茶點心

PART 6

地瓜的營養價值豐富，被譽為「東方的乳酸菌」，
有通便、減重甚至防癌等功用，因此近年來十分受養生餐的歡迎。
尤其是熱呼呼、香噴噴、鬆軟綿密、糖蜜閃閃發亮的烤地瓜，
點心正餐都想吃！做法也很簡單，只用洗乾淨丟進萬用鍋，
追完一集連續劇就烤好零油脂、零添加的烤地瓜！

| 零油脂又排毒瘦身 |

烤地瓜

難易度 ★☆☆☆☆

預計烹調時間

 材料（2人份）

食材

地瓜　　2顆

 做法

1. 地瓜洗淨表面泥沙，用廚房紙巾吸乾皮上水分。

2. 地瓜放進萬用鍋內鍋底部，不要重疊，關上鍋蓋。

3. 按「無水烹調」鍵，選擇「烤雞」，「保壓時間」延長至50分鐘。但到20分鐘時要開鍋翻面。

4. 50分鐘後，當地瓜表皮流出蜜糖就代表烤好了。可以將筷子插進地瓜測試鬆軟度，可按自己喜好多烤10到20分鐘。

TIPS

1. 採買地瓜時，要選沒有發芽、表皮平滑沒撞傷且鬚根少的。

2. 地瓜適宜放置於室溫空氣流通處保存。若放冰箱保存需先包上報紙，否則容易發霉。

延伸菜單——

蜜地瓜

將600克地瓜削皮後，切成長粗條。在萬用鍋內鍋裡放入適量二砂糖1杯、細冰糖2湯匙、水2杯及檸檬汁1茶匙。選擇「無水烹調」的「烤排骨」模式，將糖拌煮溶解後放入地瓜，適時翻動，煮約15～20分鐘至地瓜可以用筷子輕鬆穿透，蜜地瓜就完成了。

芋泥口味的甜點往往是網路團購常勝軍，
尤其是芋頭本身純樸的滋味及綿密的口感是賣座的魅力。
雖然是高澱粉食物，但芋頭的膳食纖維是米飯的 4 倍，
還能幫助身體排出過多的鈉、降低血壓。而好吃的蜜芋頭用萬用鍋水煮後，
加糖及米酒就完成了，簡單又可口，也是童年時肚子餓的健康零食！

| 懷念的童年滋味 |　難易度 ★★☆☆☆

蜜芋頭

預計烹調時間 30'00

 材料（3～4 人份）

食材

芋頭（去皮）	200 克
二砂糖	1 又 1/2 湯匙
米酒	1/2 湯匙
水	適量

 做法

1. 芋頭去皮，切大塊後，放進萬用鍋的內鍋，加水至芋頭的7 分滿。

2. 將萬用鍋的上蓋限壓閥轉至「密封」，按「功能選擇」鍵，選擇「雞肉／鴨肉」模式後，按「烹調」鍵。

3. 烹調完成提示聲響起，待自動洩壓，安全浮子閥降下後開蓋，倒掉一半的水。然後加糖及米酒攪拌均勻，再關鍋蓋燜3 分鐘至糖溶化即完成了。蜜芋頭可乘熱吃，亦可冷藏後再吃，口感均不同，但美味不打折。

TIPS

1. 挑選好的芋頭訣竅在於：重量輕、外皮沒凹陷、肉質細白膨鬆。買回來放在通風陰涼處即可，不要放冰箱，否則容易凍傷腐爛。

2. 芋頭的黏液會使皮膚過敏，建議戴手套削皮及切塊。如碰觸到芋頭手發癢，可在癢的部位沾上醋便可止癢。

延伸菜單——

芋泥球

將 150 克去皮芋頭切小塊放深盤，並在萬用鍋內鍋加水 1 杯，深盤置蒸架上，選「密封」的「蒸煮」功能。蒸煮完後，將熟芋頭壓成泥，加入 1/2 湯匙無鹽奶油及 30 克糖粉，攪拌均勻成麵糰。然後取 2 湯匙搓成小圓球，放入保鮮盒冷藏後即可食用，或是大火油炸，也十分美味。

好吃的客家麻糬，Q 軟美味又彈牙。
麻糬要 Q 彈，不一定要學日本大叔拿大木槌搗個不停。
只要三個步驟：萬用鍋蒸糯米糰、
雙手捏揉、裹上花生糖粉，就那麼簡單。
自己做過之後就能領會到，
手工麻糬一定要在家親手做才衛生呢。

 | Q 軟美味又彈牙的客家經典甜點 |

難易度 ★★★☆☆

花生麻糬

預計烹調時間 50'00

 材料 （3～4 人份）

食材

糯米粉	2 杯（量米杯）
水	1 又 1/3 杯（量米杯）
食用油	2 茶匙

花生糖粉

無糖花生粉	3 湯匙
白砂糖	2 湯匙

 做法

1. 糯米粉與水攪拌均勻後置於萬用鍋的深盤中。

2. 在萬用鍋的內鍋倒水 2 杯，放蒸架，將深盤置蒸架上。

3. 上蓋限壓閥轉至「密封」，按「功能選擇」鍵再選擇「豆類／蹄筋」模式，按「開始烹調」鍵。

4. 烹調結束提示聲響起即可開蓋，將筷子插入糯米糰，如沒有沾黏代表已熟。

5. 將食用油倒進耐熱塑膠袋，乘熱將糯米糰放入。然後套上隔熱手套將糯米糰揉捏約 8 分鐘，使其光滑有彈性。也可以用擀麵棍搥打，使糯米糰更有嚼勁，然後放涼。

6. 花生粉與白砂糖拌勻，放在深碗。將塑膠袋內的糯米糰從袋口擠出 2～2.5 公分小圓球，裹上花生糖粉，便成花生麻糬。

TIPS

1. 若覺得揉捏費工，可以在完成步驟 4 之後，把糯米糰剪成小塊，裹上花生糖粉即可，此作法口感軟，但不 Q。

2. 糯米糰製作的麻糬建議當天要吃完，不要一次做過多，因為放久或冷藏會變硬。同時，當麻糬裹上花生粉後，很快就會反潮，建議盡速吃掉。

延伸菜單——

擂沙湯圓

由糯米糰製作的麻糬，除了可在外表沾花生糖粉外，也可以將黑芝麻餡包在麻糬裡，再裹上花生糖粉，便是港式飲茶的「擂沙湯圓」。

若檢視一下市售的雞蛋布丁成分，會發現其實並沒有雞蛋，
多是化合物去合成的，而焦糖更可能是色素調成的，因此自己製作最安心。
而透過萬用鍋，也可以製作出老少都愛的國民甜點——焦糖雞蛋布丁！
做法簡單，但由於材料是全雞蛋，因此每一步驟都要用心，
尤其是布丁液必須一再過篩才會細緻，才能蒸出滑嫩的布丁。

| 滑嫩香甜、老少咸宜的國民甜點 | 難易度 ★★★★☆

焦糖雞蛋布丁

預計烹調時間 20:00 分 秒

 材料 （2～3 人份）

食材

雞蛋（全蛋）	2 顆
雞蛋（蛋黃）	2 顆
鮮奶	300ml
鮮奶油	100ml
砂糖	70 克

焦糖液

紅糖	3 湯匙
熱水	30ml

做法

1. 先製作焦糖液。先將紅糖平鋪薄薄一層在內鍋，按「無水烹調」鍵，選擇「烤雞」，蓋鍋蓋。

2. 待 5 分鐘打開，當大部份紅糖已溶成液態時，倒熱水，用湯匙拌一下加快溶解，待焦糖液從大泡泡滾為小泡泡時，按「保溫／取消」，取出內鍋放涼，避免持續加熱讓焦糖液結塊。將焦糖液平均倒進布丁瓶裡。

3. 將雞蛋打發均勻。同時將鮮奶倒入鍋盤。

4. 加水至內鍋刻度「2」，按下「無水烹調」鍵，選擇「烤魚」。待水熱後，將鍋盤放水中隔水加熱，當鮮奶溫度至攝氏 60 度左右，加砂糖拌至溶解。切記鮮奶不能滾，會產生水乳分離，布丁便不會凝固了。

5. 鍋盤取出，倒鮮奶油拌勻，放涼。

6. 奶液分次倒進蛋液，快速打發均勻，成布丁液。過篩 2～3 次，並撈起表面氣泡，讓布丁液更細緻。

7. 將布丁液沿著瓶邊倒入，蓋上鋁箔紙。

8. 在萬用鍋裡放蒸架，將內鍋的水重新用「無水烹調」的「烤魚」模式加熱後，放入布丁瓶，蓋上鍋蓋，但不要上鎖，自己計時蒸 10 分鐘，按「保溫／取消」鍵，再燜 5 分鐘讓布丁完全凝固，完成立刻取出。

TIPS

在步驟 8 時也可改加熱水 1 杯，選「密封」的「米飯」模式，時間到手動排氣時取出布丁瓶。不過，採用密封方式所製作的布丁，因溫度高，口感上較不如「無水烹調」的「烤魚」模式來得嫩滑。

對烘焙新手來說，英式的瑪芬蛋糕（Muffin）是成功率很高的點心。
而且透過萬用鍋的密封糕點功能，不需煩惱溫度與時間，
只要把麵糊拌好放入內鍋，便會自動烤好。所以，找個週末，
自己動手做甜點，或與孩子一起來 DIY 蛋糕吧！

| 動手做零失敗英式糕點 |

難易度 ★★★☆☆

咖啡瑪芬蛋糕

預計烹調時間 45'00

 材料 （3～4 人份）

食材

低筋麵粉	90 克	糖	70 克
泡打粉	1/2 茶匙	酸奶油	75 克
雞蛋	1 顆	即溶咖啡粉	1/2 湯匙
無鹽奶油	40 克	水	1/2 湯匙
鹽	1/8 茶匙		

 做法

1. 將無鹽奶油放置室溫軟化。並用攪拌器將軟化奶油打成綿狀，並加糖充分拌勻。

2. 然後依序加入雞蛋攪拌，待雞蛋被奶油吸收後，再拌入酸奶油。

3. 加入過篩後的低筋麵粉、泡打粉及鹽，用刮刀以切拌的方法混合成麵糊。

4. 把即溶咖啡粉與水混合成濃縮咖啡1湯匙，倒入麵糊中，再輕輕用刮刀拌勻。若想吃原味的雞蛋口味瑪芬蛋糕，可免此步驟。

5. 將杯子蛋糕紙模（又稱「瑪芬杯」）放進一個個金屬布丁烤模裡，倒進麵糊使布丁烤模約7分滿。再將金屬布丁烤模放進萬用鍋內鍋。此分量大概可做5個6公分直徑的瑪芬蛋糕。

6. 將萬用鍋的上蓋限壓閥轉至「密封」，按「功能選擇」鍵，選擇「糕點」模式，按「開始烹調」鍵。

7. 烹調完成提示聲響起，瑪芬蛋糕便完成了。

TIPS

1. 過篩之前將低筋麵粉、泡打粉及鹽先混合再過篩，可避免泡打粉不均勻，造成膨脹不均。

2. 當將麵糊放入杯子蛋糕紙模中時，不要裝過滿，否則加熱時，麵糊會開始膨脹，麵糊容易從四周流出來，外型便不漂亮了。

台灣最古早味的飲品要算是冬瓜茶了，其本身有清熱解毒、生津解渴之效，
卻沒有青草茶苦澀，還利尿排濕。尤其在冬天吃完藥膳或火鍋，
喝一杯可降火氣；夏天煮一大瓶冷藏，就可為家人打造天然手搖飲料。
甚至還可以添加檸檬汁、鳳梨汁、仙草、咖啡凍、愛玉等等，
變身成最天然健康的糖水，讓飲品更有古早味。

| 清熱解毒、生津解渴的古早味飲品 |　難易度 ★★☆☆☆

冬瓜茶

 材料 （3～4人份）

食材

冬瓜	800 克
冰糖	80 克
黑糖	40 克
水	1600ml

 做法

1. 將冬瓜連皮及籽洗淨，切大塊，然後將全部食材材料放進萬用鍋內鍋。

2. 上蓋限壓閥轉至「密封」，按「功能選擇」鍵，選擇「煲湯」鍵及「開始烹調」鍵。

3. 烹調完成提示聲響起，按「保溫／取消」鍵，旋轉手把開蓋，取出內鍋。

4. 將冬瓜渣過濾後便成真真正正的冬瓜茶。放涼冷藏後，加入檸檬片酸酸甜甜更好喝！

TIPS

1. 冬瓜的籽及皮是最具藥用價值的部位，利水又補氣，增強抵抗力。至於糖的分量可依個人喜好增減，想要更養生甚至可完全不加糖。

2. 也可以將冬瓜茶冰成冰塊，保存期更久。每當要吃愛玉或仙草時，放入冬瓜茶冰塊，便成為最佳糖水。也可製作成冬瓜茶刨冰，在炎熱夏季吃來消暑。

一鍋抵多鍋，每家必備的 70 道
萬用鍋，零失敗美味提案

作者／JJ5 色廚（張智櫻）

攝影／JJ5 色廚（張智櫻）

美術編輯／黃昀嘉、廖又儀、Snorlax

執行編輯／李寶怡

文字編輯／周瑾臻

企畫選書人／賈俊國

總編輯／賈俊國

副總編輯／蘇士尹

資深主編／吳岱珍

編輯／高懿萩

行銷企畫／張莉滎、廖可筠、蕭羽猜

發行人／何飛鵬

出版／布克文化出版事業部

台北市民生東路二段 141 號 8 樓

電話：02-2500-7008

傳真：02-2502-7676

Email：sbooker.service@cite.com.tw

發行／英屬蓋曼群島商家庭傳媒股份有限公司城邦分公司

台北市中山區民生東路二段 141 號 2 樓

書蟲客服服務專線：02-25007718；25007719

24 小時傳真專線：02-25001990；25001991

劃撥帳號：19863813；**戶名**：書蟲股份有限公司

讀者服務信箱：service@readingclub.com.tw

香港發行所／城邦（香港）出版集團有限公司

香港灣仔駱克道 193 號東超商業中心 1 樓

電話：+852-2508-6231　　**傳真**：+852-2578-9337

Email：hkcite@biznetvigator.com

馬新發行所／城邦（馬新）出版集團 Cité (M) Sdn.

Bhd.41, Jalan Radin Anum, Bandar Baru Sri Petaing, 57000 Kuala Lumpur, Malaysia

電話：+603-9057 -8822

傳真：+603-9057 -6622

Email：cite@cite.com.my

印刷／韋懋實業有限公司

初版／2016 年（民 105）10 月　　2021 年（民 110）4 月 14 日初版 13.5 刷

售價／新台幣 380 元

ISBN ／978-986-93792-1-2

城邦讀書花園　　布克文化　　PHILIPS
www.cite.com.tw　WWW.SBOOKER.COM.TW　飛利浦智慧萬用鍋